Rheinisch-Westfälische Akademie der Wissenschaften

Natur-, Ingenieur- und Wirtschaftswissenschaften　　　　Vorträge · N 309

Herausgegeben von der
Rheinisch-Westfälischen Akademie der Wissenschaften

HARALD IBACH

Zur Physik und Chemie
der Festkörperoberfläche

Westdeutscher Verlag

289. Sitzung am 1. Juli 1981 in Düsseldorf

CIP-Kurztitelaufnahme der Deutschen Bibliothek

Ibach, Harald:
Zur Physik und Chemie der Festkörperoberfläche / Harald Ibach. – Opladen:
Westdeutscher Verlag, 1982.
   (Vorträge / Rheinisch-Westfälische Akademie der Wissenschaften: Natur-, Ingenieur- und Wirtschaftswissenschaften; N 309)
   ISBN-13: 978-3-531-08309-4   e-ISBN-13: 978-3-322-86465-9
   DOI: 10.1007/978-3-322-86465-9
NE: Rheinisch-Westfälische Akademie der Wissenschaften ⟨Düsseldorf⟩: Vorträge /
Natur-, Ingenieur- und Wirtschaftswissenschaften

© 1982 by Westdeutscher Verlag GmbH Opladen
Herstellung: Westdeutscher Verlag

ISSN 0066–5754
ISBN-13: 978-3-531-08309-4

Inhalt

Harald Ibach, Jülich/Aachen
Zur Physik und Chemie der Festkörperoberfläche

1. Einleitung	7
2. Die Struktur von Oberflächen	9
3. Elektronische Struktur von Oberflächen	12
4. Dynamisches Verhalten von Oberflächen und Adsorbaten	14
5. Schwingungsspektroskopie und Oberflächenchemie	17
6. Schlußbemerkungen	19
Literatur	21
Abbildungen	23

Diskussionsbeiträge
   Professor Dr. rer. nat. *Horst Rollnik;* Professor Dr. rer. nat. *Harald Ibach;*
   Professor Dr. rer. nat. *Ulf von Zahn;* Professor Dr. techn. *Franz Pischinger*   39

1. Einleitung

Mit dem Titel meines Beitrages ist schon der interdisziplinäre Charakter des Forschungsgebietes angedeutet, über das ich heute berichten möchte. Die interdisziplinäre Bedeutung der Oberflächenforschung soll deshalb einen wesentlichen Akzent für die Darstellung setzen. Ich hätte neben Physik und Chemie auch hinzusetzen können „Die Festkörperoberfläche im Bereich der Materialwissenschaften, der Halbleitertechnologie, der Verfahrenstechnik, der heterogenen Katalyse, der Tribologie". Man hätte versuchen können, in das Thema schon mit einzubeziehen die ungeheure volkswirtschaftliche Bedeutung chemischer Prozesse an Festkörperoberflächen, seien sie erwünscht, wie im Falle der heterogenen Katalyse, oder seien sie unerwünscht, wie im Falle von Korrosionserscheinungen. Diese vielfältigen Bezüge kann ich aber heute nur andeuten, zum einen, weil für eine tiefergehende Behandlung die Zeit nicht ausreichen würde, zum anderen auch deshalb, weil ich mich nicht für alle Aspekte kompetent fühlen könnte.

So möchte ich also heute vom eigenen Standort aus versuchen zu überblicken, welche Phänomene an der Festkörperoberfläche eine Rolle spielen und wie man sie studieren kann. Der eigene Standort ist der eines Festkörperphysikers, für den sich die Fragestellungen der Oberflächenphysik zunächst einmal aus seiner Kenntnis der Volumeneigenschaften des Festkörpers ergeben.

Als Spezialgebiet der Festkörperphysik ist die Oberflächenforschung noch ein relativ junges Arbeitsfeld. Von einzelnen Vorläuferarbeiten abgesehen liegt der Beginn der physikalisch-experimentellen Oberflächenforschung etwa im Beginn der sechziger Jahre. Die Berechtigung dieser Datierung ergibt sich aus einer wesentlichen Zäsur, nicht nur in der Quantität der erscheinenden Arbeiten, sondern auch daraus, daß es möglich wurde, durch neue elektronenspektroskopische Verfahren Aussagen über die atomistische Zusammensetzung und Struktur der Oberfläche zu machen. Die Oberflächenphysik begann sich allmählich von dem Verdacht der Physik der unkontrollierbaren Dreckeffekte zu befreien.

Eine viel längere Tradition als in der Physik hat die Oberflächenforschung in der Chemie. Wußte man doch schon seit den Arbeiten von KAYSER in den achtziger Jahren des vorigen Jahrhunderts, daß Vorgänge der Adsorption und Desorption von Oberflächen eine wichtige Rolle bei der Chemie der heterogenen Katalyse spielen müssen. Die Präparation verschiedenartiger Katalysatoroberflächen und ihre Erforschung durch das Mittel chemischer Reaktionen eben an diesen Katalysatoroberflächen ist deshalb ein weit ausgebauter und wirtschaftlich sehr wichtiger Forschungszweig. Die grundlegende Problematik dieser Forschungsrichtung ist dadurch charakterisiert, daß über das eigentliche Wesen der Wechselwirkung der chemischen Reaktanden mit der Festkörperoberfläche, also der Adsorption, dem chemischen Zerfall, dem Wiederaufbau des Reaktionsproduktes und schließlich der Desorption bis vor kurzem wenig bekannt war, da keine Methodik verfügbar war, die es erlaubte, solche Prozesse direkt zu beobachten. Alle Schlüsse über die Elementarprozesse der heterogenen Katalyse mußten immer aus dem Verhalten der Reaktion selbst, d. h. aus Art und Zusammensetzung des Reaktionsproduktes bei bekannten Reaktanden ermittelt werden. Zwar hat es nicht an Modellen für den Reaktionsablauf gefehlt, die Situation war vielmehr umgekehrt dadurch charakterisiert, daß nahezu jeder mögliche Reaktionsweg zu irgendeinem Zeitpunkt einmal vorgeschlagen wurde und sich dann häufig mit dem Namen des Vorschlagenden verband, ohne daß aber eine Entscheidung über die Richtigkeit der einen oder anderen Hypothese herbeigeführt werden konnte.

Dieses ist nun einer der Ansatzpunkte der modernen physikalischen Oberflächenforschung, und es gibt bereits eine Reihe von Beispielen, an denen gezeigt werden kann, wie die physikalische Oberflächenforschung in der Aufklärung von Reaktionsmechanismen mitgewirkt hat.

Noch mehr als in anderen Gebieten der Physik war der Fortschritt in der Oberflächenphysik ein Fortschritt der Methodik. Dies liegt darin begründet, daß im Vergleich zur Volumenfestkörperphysik alle Experimente unter außerordentlich erschwerten Bedingungen stattfinden müssen. Wir wollen hierzu eine einfache Überlegung anstellen. Ein typischer Festkörper, zum Beispiel in der Form eines Einkristalls, hat etwa 10^{23} Atome pro cm^3 und 10^{15} Atome pro cm^2 Oberfläche. Um bei einem Würfel von einem Zentimeter Kantenlänge die Eigenschaften der Oberflächenatome selektiv zu untersuchen, benötigt man eine Methode, die relative Konzentrationen von nur 10^{-8} bei einer gesamten Anzahl von Oberflächenatomen von etwa 10^{15} oder weniger analysiert. Ein solches Analyseverfahren muß nicht nur außerordentlich empfindlich sein, sondern auch selektiv auf die Eigenschaften von Oberflächenatomen ansprechen. Es kommt erschwerend hinzu, daß Oberflächenatome, deren Eigenschaften uns interessieren, bei einer reinen Oberfläche chemisch identisch mit den Volumenatomen sind und unser Interesse nur vergleichsweise geringfügigen Änderungen gilt. Vor diesem Hintergrund wird verständlich, daß zum Beispiel die wichtigste Frage der Festkörperphysik, nämlich die nach der Struktur, für Oberflächen oft nur unvollständig beantwortet ist. Während in der Volumenfestkörperphysik ein quantitatives Verständnis von Materialeigenschaften auf der Basis einer weitgehend bekannten Struktur angestrebt wird, ist dieser Weg für Oberflächenuntersuchungen nur mit großen Einschränkungen gangbar. Es ist zum Beispiel oft versucht worden, elektronische Eigenschaften der Oberfläche auf der Basis eines bestimmten Strukturvorschlages theoretisch zu ermitteln, um aus dem Vergleich mit experimentellen Ergebnissen zu eben diesen elektronischen Eigenschaften sozusagen rückwärts auf die atomare Struktur zu schließen.

Im folgenden wollen wir nun versuchen, uns zunächt einen Überblick auf die möglichen geometrischen Strukturen einer Festkörperoberfläche zu verschaffen. Wir werden uns dann den elementaren Anregungen im Bereich der elektronischen und dynamischen Eigenschaften der Festkörperoberläche zuwenden und schließlich an einem Beispiel diskutieren, wie Erkenntnisse über die chemische Bindung von Molekülen an Oberflächen, die unter idealisierten Bedingungen gewonnen wurden, in Zusammenhang gebracht werden können mit Problemen aus der heterogenen Katalyse.

2. Die Struktur von Oberflächen

Lassen Sie uns zunächst in abstrakter Form mögliche Oberflächenstrukturen diskutieren mit Hilfe einer Figur (Abb. 1), wie sie von meinem Kollegen HENZLER gezeichnet wurde [1]. Unter a) ist zunächst eine ideale Oberfläche dargestellt, bei der alle Atome der Oberfläche in denselben Positionen sitzen, die sie im Volumen einnehmen. Eine solche ideale Oberfläche hat zwei Eigenschaften, sie ist erstens langweilig und zweitens gibt es sie nicht: Die Brechung der Symmetrie durch die Existenz der Oberfläche oder, chemisch gesprochen, die Existenz freier Valenzen muß notwendigerweise zu einer Änderung der Struktur führen, auch wenn diese Strukturstörung relativ geringfügig sein kann. Ein Beispiel für eine einfach Strukturstörung ist unter b) gezeigt, wo die Oberflächenatome lateral zwar noch in ihren Positionen sitzen, aber senkrecht zur Oberfläche der Abstand zwischen der ersten und zweiten Lage verändert ist. Dieser Fall wird häufig bei Metalloberflächen realisiert. Bei einigen Metallen, insbesondere aber auch bei Halbleitern und Isolatoren, kommt es zur Ausbildung von lateralen Überstrukturen (c). Solche Überstrukturen sind nicht immer perfekt. Gelegentlich gibt es Domänen von solchen Strukturen (d). Jeder Festkörper hat schon im Volumen eine endliche Konzentration von Fehlstellen. Solche Fehlstellen mögen auch auf Oberflächen vorhanden sein, und man kann sich deshalb auch geordnete Strukturen von Fehlstellen vorstellen (e). Eine weitere Fehlstelle besonderer Art besteht in monoatomaren Stufen (g). Ich möchte hier nur erwähnen, daß man heute die Möglichkeit hat, einkristalline Oberflächen zu erzeugen, die solche monoatomaren Stufen in regelmäßiger Folge und in ganz bestimmter Konzentration und Orientierung aufweisen.

Solche Oberflächen sind ein ideales Studienobjekt, um den Einfluß der Struktur auf physikalische und chemische Eigenschaften der Oberfläche zu analysieren.

Bislang haben wir nur Strukturen besprochen, die sich auf einer reinen Oberfläche ausbilden können. Interessant wird die Strukturfrage aber insbesondere, wenn wir Adsorbatschichten mit in unsere Betrachtung einbeziehen. Dann ergeben sich Überstrukturen verschiedenster Art, wie unter f) gezeigt, in manchen Fällen auch ungeordnete Adsorption, wie unter h).

Ich hatte schon angedeutet, daß die Entwicklung der Oberflächenphysik eng mit der Entwicklung von Methoden verknüpft ist, die es erlauben, Eigenschaften von Oberflächenatomen selektiv zu untersuchen. Im Hinblick auf die Strukturfrage ist hier insbesondere die Beugung langsamer Elektronen zu erwähnen, obgleich gerade in jüngerer Zeit eine Reihe weiterer Methoden hinzugekommen ist. Lassen Sie mich das Prinzip der Beugung langsamer Elektronen an Hand einer Apparaturskizze (Abb. 2) erörtern. Die Elektronen werden thermisch aus einer Kathode emittiert, und durch eine geeignete Elektronenoptik wird ein scharf gebündelter Strahl gebildet. Die Energie der Elektronen an der Oberfläche beträgt typischerweise zwischen 30 und 300 eV. In diesem Energiebereich ist einerseits die de Broglie-Wellenlänge von Elektronen vergleichbar mit der Gitterkonstanten von Festkörpern, andererseits beträgt die Eindringtiefe von Elektronen nur wenige Monolagen, so daß in einem Rückstreuverfahren Oberflächenstrukturen analysiert werden können. Mit Hilfe einer Gitteranordnung wird um die Probe herum ein feldfreier Raum erzeugt, so daß die gebeugten Elektronen sich ungehindert ausbreiten können. Weitere Gitter dienen zur Unterdrückung inelastisch gestreuter Elektronen. Schließlich werden die elastisch gestreuten Elektronen unter Nachbeschleunigung auf einige keV auf einem Leuchtschirm sichtbar gemacht. Dieses sogenannte LEED-Verfahren (*Low Energy Electron Difraction*) wurde Anfang der sechziger Jahre entwickelt und ist heute eine Standardtechnik.

An dieser Stelle muß noch etwas über die Präparation von Oberflächen gesagt werden. Unter normalen atmosphärischen Bedingungen ist jede Oberfläche mit einer unkontrollierbaren und undefinierbaren Dreckschicht überzogen, die Strukturuntersuchungen unmöglich und auch nicht sinnvoll macht. Zur Untersuchung von Oberflächen bedarf es zunächst einer ausgefeilten Präparationstechnik, und damit eine einmal präparierte Oberfläche ihren reinen Zustand auch behält, müssen entsprechende Experimente im Ultrahochvakuum von etwa 10^{-10} Torr durchgeführt werden.

Abb. 3 zeigt eine typische Präparationskammer, die neben der LEED-Optik noch weitere oberflächenanalytische Verfahren zur Reinheitskontrolle und chemischen Analyse enthält, von denen wir noch einige im Laufe des Vortrags kennenlernen werden.

Lassen Sie mich zur Elektronenbeugung zunächst ein einfaches Beispiel diskutieren. Abb. 4 zeigt eine dicht gepackte Oberfläche eines kubisch flächenzentrierten Metalles. Solche Oberflächen weisen zum Beispiel Nickel, Platin und Kupfer auf. Die Oberfläche ist nicht rekonstruiert, und das Beugungsbild links zeigt Reflexe in hexagonaler Struktur (äußerer Kranz von Reflexen in Abb. 4). Die Symmetrie des Beugungsbildes ist nicht sechszählig, wie man vielleicht erwarten könnte, sondern nur dreizählig. Dies ist Ausdruck der Tatsache, daß die Elektronenbeugung nicht nur an der hier sichtbaren Oberfläche, sondern auch an der darunter liegenden Schicht stattfindet, und die gemeinsame Symmetrie ist in der Tat nur eine dreizählige. Man kann auf der Oberfläche nun einfache Moleküle adsorbieren, zum Beispiel Sauerstoff. Sauerstoff dissoziiert auf der Oberfläche von Platin oder Nickel, und die Sauerstoffatome bilden die in Abb. 4 gezeigte Überstruktur. Die Elementarzelle dieser Überstruktur ist in jeder Richtung doppelt so groß wie die Elementarzelle des Substrates. Man spricht deshalb auch von einer 2×2-Überstruktur, und die durch diese Überstruktur erzeugten Beugungsreflexe liegen auf halber Distanz zu den Beugungsreflexen des Grundgitters. Man kann also rückwärts aus der Existenz solcher Reflexe auf die Elementarzelle und damit auf die Struktur von adsorbiertem Sauerstoff schließen. Dieser Teil der Analyse ist verhältnismäßig einfach. Schwieriger ist die Frage zu beantworten, welche Position der Sauerstoff auf der Oberfläche einnimmt, ob er zum Beispiel wirklich die Lückenplätze zwischen drei Atomen besetzt. Diese Frage kann im Prinzip durch eine Auswertung der Beugungsintensitäten und Vergleich mit einer entsprechenden Beugungstheorie entschieden werden. Unglücklicherweise ist jedoch die Beugungstheorie langsamer Elektronen ungleich schwieriger als für Röntgen- oder Neutronenbeugung, was letztlich eine Folge der für Oberflächenuntersuchungen gerade gewünschten starken Wechselwirkung mit der Materie ist. Eine quantitative Strukturanalyse mittels LEED ist deshalb nur für einfache Oberflächenstrukturen, wie zum Beispiel die in Abb. 4 gezeigte, möglich.

Ein berühmtes Beispiel für eine Struktur, die man seit über zwanzig Jahren kennt, für die aber noch kein allgemein akzeptiertes Strukturmodell existiert, ist die sogenannte 7×7-Rekonstruktion der Si(111) Oberfläche. Das zugehörige Beugungsbild ist in Abb. 5 zu sehen. Die Schwierigkeit der Analyse eines solchen Beugungsbildes liegt in der Größe der Elementarzelle begründet, die neunundvierzig Oberflächenatome enthält. Zwei Modellvorschläge für die Oberflächenstruktur sind in Abb. 6 dargestellt. Beide Vorschläge sind letztlich modifizierte Fehlstellenmodelle. In dem oberen Modell, das auf LANDER [2] zurückgeht, fehlen in geordneter Weise Atome der ersten Schicht. Das untere Modell wurde kürzlich von CARDILLO [3] vorgeschlagen. In diesem Modell fehlt in dreieckförmiger Weise jeweils eine ganze Doppelschicht. In gewisser Weise läßt sich dieses Modell auch als eine geordnete Struktur von Stufen verstehen. Andere Strukturvorschläge für die Silizium-7×7-Oberfläche basieren nicht auf Fehlstellen, sondern auf einer Veränderung der Atompositionen, hervorgerufen durch die freie Valenz der Oberflächenatome. Der Zusammenhang zwischen Valenz und Struktur wird vielleicht noch etwas deutlicher, wenn wir uns die geometrische Struktur von Silizium in einem Kugelmodell veranschaulichen (Abb. 7). Wir erkennen, daß auf der Si(111) Oberfläche jedes Oberflächenatom eine freie Valenz hat, die im Idealfall mit einem Elektron besetzt ist. Solche freien Valenzen haben das natürliche Bestreben, sich abzusättigen, zum Beispiel durch eine Adsorption, aber auch durch eine Rekonstruktion der Oberfläche. Durch diese Betrachtung beginnen wir nun aber, die Frage rein geometrischer Strukturen zu verlassen, und verknüpfen die geometrische Struktur mit der elektronischen Struktur von Oberflächen, die wiederum ein eigenständiges Gebiet innerhalb der Oberflächenphysik begründet.

3. Elektronische Struktur von Oberflächen

Die treibende Kraft für die geometrische Umordnung von Atomen in Oberflächen ist letztlich darin zu suchen, daß der Festkörper den Zustand minimaler Energie einnehmen möchte. Diese Energie ist aber elektronische Energie, und insofern sind Strukturfrage und Fragen der elektronischen Zustände an Oberflächen miteinander verknüpft. Ein einfaches Energieschema für Elektronenterme im Volumen und an der Oberfläche von Silizium zeigt Abb. 8. Das Volumenmaterial von Silizium ist durch eine Bandlücke von 1,1 eV gekennzeichnet. Diese Bandlücke macht Silizium im infraroten Spektralbereich transparent. Sichtbares Licht wird jedoch absorbiert, dadurch, daß Elektronen vom sogenannten Valenzband in das Leitungsband angehoben werden können. Silizium ist deshalb für unser Auge undurchsichtig. Für Elektronen in den freien Valenzen einer idealen Oberfläche, wie in Abb. 7, ist die Aufspaltung in Valenz- und Leitungsband aufgehoben. Für diese Elektronen bilden Valenz- und Leitungsband ein gemeinsames halbgefülltes Band, was deshalb metallischen Charakter hat. Eine ähnliche elektronische Struktur würden wir auch für die Rekonstruktionsmodelle in Abb. 5 erwarten. Anders dagegen für Strukturen, die von einer nur geringfügigen Lageverschiebung der Oberflächenatome ausgehen. Die treibende Kraft solcher Lageverschiebungen würde die Möglichkeit der Ausbildung von Valenz- und Leitungsband auch für Oberflächenatome sein (Abb. 8, rechts), wodurch eine Bandlücke entsteht und, wie aus der Abbildung ohne weiteres ersichtlich ist, im Mittel die elektronische Energie abgesenkt wird. Tatsächlich ist eine solche Form der Rekonstruktion nachgewiesen worden für Siliziumoberflächen, die durch Spalten im Ultrahochvakuum entstehen. Wie man aus Abb. 8 ablesen kann, müßte, ähnlich wie im Volumen von Silizium, beginnend von einer bestimmten Quantenenergie des Lichts,

Infrarotabsorption einsetzen. Tatsächlich wurde diese Infrarotabsorption von CHIAROTTI und Mitarbeitern nachgewiesen [4]. Um die geringfügige Absorption durch wenige Oberflächenatome überhaupt nachweisen zu können, haben sich CHIAROTTI und Mitarbeiter dabei einer Vielfachreflexionseinrichtung (Abb. 9) bedient. Die zugehörige Absorptionskurve ist ebenfalls in Abb. 9 dargestellt. Man kann erkennen, daß der Einsatzpunkt der Absorption bei etwa 0,25 eV liegt, woraus sich die Bandlücke für die Oberflächenzustände, dargestellt in Abb. 8, ergibt. Die in Abb. 9 gezeigte Absorption verschwindet natürlich bei Absättigung der freien Valenzen mit Fremdatomen, z. B. infolge eines Adsorptionsprozesses, ebenso verschwindet natürlich auch die Rekonstruktion bei der Adsorption, da ja die Rekonstruktion durch die elektronische Energie der freien Valenzen angetrieben wurde.

CHIAROTTI und Mitarbeiter haben auch versucht, ein ähnliches Experiment für die Silizium-7×7-Oberfläche durchzuführen, haben aber keine Absorptionskante für die 7×7-Struktur nachweisen können. Dieses Ergebnis steht im Einklang mit der Vorstellung von einem metallischen Charakter der Oberflächenzustände. Um den metallischen Charakter jedoch wirklich experimentell nachzuweisen, bedürfte es der Möglichkeit von Experimenten im fernen Infrarot, für die eine ausreichende Oberflächenempfindlichkeit nicht zu erzielen ist. Hier kann wieder die Verwendung von Elektronen als Sonde von Vorteil sein. Anders als bei der Beugung von Elektronen muß man allerdings die inelastische Streuung von Elektronen verwenden. Ein geeignetes Elektronenspektrometer ist in Abb. 10 dargestellt.

Thermisch emittierte Elektronen aus einer Wolfram- oder LaB_6-Kathode werden auf den Eintrittsspalt eines elektrostatischen Ablenksystems fokussiert. Das elektrostatische Ablenksystem filtert aus der breiten thermischen Verteilung der Elektronen ein schmales Band heraus. Diese Elektronen werden dann mittels einer Elektronenoptik auf einem Kristall fokussiert. Die vom Kristall elastisch und inelastisch gestreuten Elektronen werden dann in einer analogen Anordnung bezüglich ihrer Energie analysiert. Der lichtoptischen Absorption durch Anregung von Elektronen aus Oberflächenzuständen entspricht dann in der Elektronenenergieverlustspektroskopie ein Spektrum charakteristischer Energieverluste. Es läßt sich zeigen, daß die Interpretation von lichtoptischer Absorption und Energieverlustspektroskopie weitgehende Verwandtschaft aufweist. Der spezifische Vorteil der Elektronenspektroskopie ist aber die um ein Vielfaches höhere Empfindlichkeit und Selektivität im Hinblick auf Oberflächenerscheinungen. Das Spektrum der Absorption von Oberflächenzuständen an der Siliziumspaltfläche zeigt Abb. 11. Die Analogie zwischen Energieverlustspektroskopie und lichtoptischer Absorption wird aus dem Vergleich von Abb. 11 mit Abb. 9 deutlich. Während die energetische Auflösung in Abb. 11 noch sehr begrenzt ist (es handelt sich um ein Spektrum aus dem Jahre 1972), bestehen heute keine Schwierigkeiten,

Energieauflösungen von unter 10 meV in der Elektronenspektroskopie zu erzielen. Damit kann auch die Frage der Absorption in Oberflächenzuständen der 7×7-Oberfläche neu angegangen werden. Ein Elektronenenergieverlustspektrum der 7×7-Oberfläche zeigt Abb. 12. Wir erkennen ein breites Kontinuum. Eine Bandlücke existiert nicht. Der Oberflächencharakter dieses Kontinuums wird sofort deutlich, wenn man eine monoatomare Schicht von Wasserstoff adsorbiert. Das Kontinuum ist dann verschwunden, weil die freien Valenzen und damit die Oberflächenzustände verschwunden sind. An die Stelle des Kontinuums treten Schwingungseigenresonanzen des adsorbierten Wasserstoffes. Solche Eigenschwingungen von adsorbierten Molekülen oder Atomen sind eine andere Form von elementaren Anregungen der Oberfläche, aus denen sich Schlüsse über die Struktur, aber auch das Reaktionsverhalten von Oberflächen ziehen lassen. Wir wollen deshalb unser Augenmerk jetzt auf das dynamische Verhalten von Oberflächen, also die Eigenschwingungen von Oberflächen und darauf adsorbierten Molekülen richten.

4. Dynamisches Verhalten von Oberflächen und Adsorbaten

Wiederum wie bei der Struktur und den elektronischen Eigenschaften von Oberflächen sind die Möglichkeiten, Eigenschwingungen von Oberflächen und Adsorbaten zu untersuchen, verknüpft mit der Entwicklung entsprechender Methoden. Lassen Sie mich zunächst eine neue experimentelle Technik besprechen, die gerade in jüngster Zeit von sich reden gemacht hat. Es ist die sogenannte Atom- oder Molekularstrahltechnik. Das Meßprinzip dieser Technik wird in Abb. 13 verdeutlicht. Man läßt zunächst aus einer Druckkammer mit einem Druck im Bereich von 1–200 bar Edelgasatome oder Moleküle durch eine kleine Öffnung von 15–30 μm entweichen in eine Vakuumkammer. In dieser Vakuumkammer befindet sich ein sogenannter Abschäler (Skimmer), der alle Atome, deren Trajektorien nicht in Vorwärtsrichtung weisen, herausschält. Diese falsch orientierten Atome werden abgepumpt. Die Atome im Strahl durchlaufen nun eine Serie von weiteren Vakuumkammern und Öffnungen. In jeder Stufe werden alle Atome, die durch innere Streuprozesse im Strahl eine Richtung, abweichend von der Strahlrichtung, bekommen, herausgepumpt. Durch dieses Verfahren wird nicht nur einfach ein gerichteter Strahl erzeugt. Ähnlich wie auf einer dichtbefahrenen Autobahn Fahrzeuge ihre Geschwindigkeit aneinander anpassen müssen, wird so auch eine homogene Geschwindigkeitsverteilung der Atome erzeugt. Allerdings passen die Atome nicht ihre Geschwindigkeiten aneinander an, sondern alle Atome, die eine von einer mittleren Geschwindigkeit abweichende Geschwindigkeit haben, kollidieren früher oder später mit anderen Atomen und diese Kollisionsprozesse werfen die Atome aus dem Strahl, wodurch sie einer Pumpe zugeführt werden. Dieser Prozeß ist zwar außerordentlich ineffizient, führt aber letztlich doch zu einer schmalbandigen Energieverteilung mit einer Energieschärfe von weit unter 1 meV. Die Energieauflösung dieser Technik ist daher vergleichbar mit hochauflösender optischer Spektroskopie. Andererseits ist die Streuung von Atomen an Oberflächen extrem oberflächenselektiv, denn Atome im Bereich thermischer Energien werden nur an der Oberfläche eines Festkörpers gestreut. Mit dieser neuen Technik ist es einer Arbeitsgruppe um TOENNIES [5] zum ersten Mal gelungen, Oberflächenwellen an Lithiumfluorid in ihrem ganzen Dispersionsverhalten auszumessen (Abb. 14). Die Meßpunkte für diese Oberflächenwellen (sogenannte Rayleigh-Wellen) liegen deutlich unterhalb der Kurven für transversale und longitudinale Volumengitterschwingungen. Die Bedeutung dieser Ergebnisse liegt darin, daß man aus der Dispersion der Rayleigh-Wellen letztlich etwas über die interatomaren Wechselwirkungen zwischen Oberflächenatomen untereinander und Oberflächenatomen und Substratatomen erfährt. In der Tat hat ein Vergleich der Resultate mit bisherigen Modellvorstellungen gezeigt, daß erhebliche Korrekturen erforderlich sind.

Trotz der Schönheit der Molekularstrahltechnik ist ihre Anwendungsmöglichkeit im Bereich der Oberflächenschwingungen begrenzt. Die Begrenzung ergibt sich nicht nur aus dem außerordentlich hohen experimentellen Aufwand, sondern auch daraus, daß die thermische Energie des Atomstrahls relativ gering ist. Deswegen können Eigenschwingungen von Adsorbaten, insbesondere Kohlenwasserstoffen, die ja für die Chemie der Festkörperoberfläche von großem Interesse sind, nicht untersucht werden. Andererseits ist für die hochenergetischen Eigenschwingungen von Kohlenwasserstoffen und anderen leichteren Adsorbaten die extreme Energieauflösung der Molekularstrahltechnik nicht unbedingt erforderlich. Hier hat wiederum die Elektronenenergieverlustspektroskopie einen wesentlichen Beitrag geleistet, und ich will im folgenden eine Reihe von Beispielen für die Anwendungen dieser Technik diskutieren.

Zum Verständnis der Elektronenenergieverlustspektroskopie und der Aussagen, die sich aus dieser Technik gewinnen lassen, müssen wir kurz auf den Mechanismus der Wechselwirkung von Elektronen mit Adsorbatschwingungen eingehen. Abb. 15 gibt dazu eine Illustration. Nähert sich ein Elektron einer Oberfläche, insbesondere einer Metalloberfläche, so bildet sich zwischen der elektrischen Ladung des Elektrons und der Metalloberfläche ein elektrisches Feld aus. Das Feld ist so beschaffen, als ob im Inneren des Metalles eine Bildladung mit umgekehrten Vorzeichen säße mit einem Abstand zur Oberfläche, der dem Abstand des Elektrons von außen entspricht. Die elektrischen Feldlinien treten senkrecht in die Metalloberfläche ein. Auf der Oberfläche sollen sich adsorbierte Atome oder adsorbierte Moleküle befinden. Die Eigenschwingungen eines Moleküls, in Bild 15 ein CO-Molekül, sind in vielen Fällen mit der Ausbildung eines lokalen elektrischen Dipolmomentes verknüpft. In Bild 15 rechts sind z. B. die innere Eigenschwingung des CO-Moleküls und die Schwingung des gesamten Moleküls gegen die Oberfläche dargestellt. Das Dipolmoment dieser Schwingung wechselwirkt nun mit dem elektrischen Feld des Elektrons oder anders ausgedrückt, das elektrische Feld des Elektrons kann so zur treibenden Kraft für die Anregung von Schwingungen werden. Der quantenmechanische Anregungsprozeß einer Molekülvibration spiegelt sich dann als Energieverlust des gestreuten Elektrons wider. Voraussetzung ist, daß das Dipolmoment die Orientierung des elektrischen Feldes hat. Ist das Dipolmoment, wie in Bild 15 links, senkrecht zum Feld orientiert, entfällt die Wechselwirkung. Solche Eigenschwingungen sind also nicht sichtbar. Dies ist aber nichts anderes als eine Orientierungs-Auswahlregel, die man zur Bestimmung von Oberflächenstrukturen verwenden kann. Wir können jetzt umgekehrt schließen: sieht man nur die in Bild 15 rechts gezeigten Eigenschwingungen im Energieverlustspektrum, so weiß man, daß das Molekül senkrecht auf der Oberfläche steht, sieht man auch eine der links gezeichneten, so muß das Molekül relativ zur Oberfläche gekippt sein. Voraussetzung für diese Analyse ist natürlich eine ungefähre Kenntnis der Eigenschwingungen eines adsorbierten Moleküls. Diese Kenntnis gewinnt man aus dem Vergleich mit den Eigenschwingungen von Molekülen in der Gasphase. Für die Spektroskopie an Übergangsmetalloberflächen ist auch der Vergleich zu organometallischen Verbindungen, wie sie in großer Zahl synthetisiert und analysiert wurden, wichtig. Die Bedeutung der Symmetrieauswahlregel für die Strukturanalyse von Oberflächen veranschaulicht Bild 16. Dort sind die Schwingungsspektren von CO und NO, beide adsorbiert auf einer Ni(111) Oberfläche, dargestellt. Für CO sieht man nur die Eigenschwingungen, die dem inneren Freiheitsgrad des Moleküls und der Schwingung des Moleküls gegen die Oberfläche entsprechen. Wir schließen daraus, daß Kohlenmonoxyd senkrecht zur Oberfläche orientiert ist. Bei NO ist eine zusätzliche Schwingung aktiv, was nur durch eine gewinkelte Struktur zu erklären ist. Srukturaussagen, die auf Symmetrien beruhen, sind naturgemäß nur qualitativer Art. Andererseits geben sie eine sichere Basis für Strukturvorschläge innerhalb einer quantitativen Analyse, wie sie zum Beispiel mit Elektronenbeugung bei einfachen Systemen möglich ist.

Das Schwingungsspektrum eines adsorbierten Moleküls hängt nicht nur von der Orientierung des Moleküls relativ zur Oberfläche ab, sondern ist auch eine empfindliche Sonde für den Adsorptionsplatz, der auf der Oberfläche eingenommen wird. Ich möchte dies an der Gegenüberstellung zweier Spektren von Kohlenmonoxyd auf Ni(111) einerseits und Pt(111) andererseits darstellen (Abb. 17). Auf Ni(111) nimmt CO, wie aus dem Schwingungsspektrum deutlich wird, nur einen Platz ein, während auf Pt(111) zwei verschiedene Plätze eingenommen werden, was sowohl zu verschiedenen Frequenzen der internen Schwingungen des

Moleküls als auch zu verschiedenen Frequenzen für die Vibration gegen die Oberfläche führt. Interessanterweise ist das Beugungsbild und damit auch Größe und Orientierung der Elementarmasche auf beiden Oberflächen gleich. Trotzdem muß natürlich ein Unterschied in der Struktur bestehen. Der Unterschied kann nur in einer anderen Positionierung der Elementarmasche relativ zur Unterlage bestehen. Da Größe und Inhalt der Elementarmasche feststehen, brauchen wir nur in Gedanken die Elementarmasche auf dem Substrat hin- und herzuschieben und zu untersuchen, welche Plätze eingenommen werden. Die einzige Möglichkeit, die Elementarmasche so anzuordnen, daß nur eine Sorte von Adsorptionsplätzen besetzt ist, wird offenbar für Nickel realisiert. Kohlenmonoxyd sitzt dann in Brückenplätzen mit Zweierkoordination. Auf Platin ist dagegen die Elementarmasche so positioniert, daß neben den Brückenplätzen auch Plätze auf einem Atom eingenommen werden. So kann also in einigen Fällen die Kombination von Symmetrieaussagen und der Anzahl der Oberflächenspezies, wie sie aus der Schwingungsspektroskopie gewonnen werden, mit qualitativen Aussagen aus der Elektronenbeugung zu einem weitgehend kompletten Strukturvorschlag führen.

5. Schwingungsspektroskopie und Oberflächenchemie

Wir haben im vorigen Kapitel gesehen, wie sich mit Hilfe der Schwingungsspektroskopie wichtige Aussagen über die Struktur von Adsorbaten gewinnen lassen. Eine implizit von diesen Spektren mitgelieferte Aussage, die jedoch nichtsdestoweniger außerordentlich wichtig ist, haben wir noch nicht diskutiert. Es ist die Aussage, daß offensichtlich CO auf Nickel und auf Platin in undissoziierter Form, also als Molekül, adsorbiert. Die Aussage ist keineswegs selbstverständlich. Elemente, auch Übergangsmetalle, die weiter links im Periodensystem stehen – in der dritten Reihe etwa ab Eisen – dissoziieren Kohlenmonoxid spontan bei der Adsorption. Die Frage einer dissoziativen oder nicht dissoziativen Adsorption ist von großer Bedeutung für den Mechanismus heterogener katalytischer Reaktionen. So ist zum Beispiel der Initialschritt der Fischer-Tropsch-Synthese die Dissoziation von Kohlenmonoxid. In weiteren Reaktionsschritten werden dann aus dem adsorbierten Kohlenstoff in mehreren Stufen Methan und höhere Kohlenwasserstoffe aufgebaut. Man wird also Fischer-Tropsch-Katalysatoren unter den Elementen finden, die einerseits CO dissoziieren, andererseits aber Kohlenstoff und Sauerstoff nicht so fest binden, daß diese nicht weiter reagieren können. Eisen ist ein solcher Fischer-Tropsch-Katalysator, der gerade auf der Grenzlinie der CO-Dissoziation steht. Ein weiteres Beispiel für eine katalytische Reaktion ist die Kohlenmonoxidoxidation. Hier ist die Aufgabe des Katalysators, das Kohlenmonoxid unversehrt zu lassen, das Sauerstoffmolekül aber zu spalten, um die Anlagerung von einem weiteren Sauerstoffatom an CO zu CO_2 zu ermöglichen. Konsequenterweise muß der Katalysator ein Material sein, das CO nicht dissoziiert, Sauerstoff dissoziiert, andererseits aber wiederum mit dem Sauerstoff keine stabilen Oxide bildet. Ein solches Material ist z. B. Platin, das dementsprechend auch zur Abgasentgiftung als Katalysatormaterial eingesetzt wird.

Ich möchte nun einige Ergebnisse besprechen, die für die Epoxidation von Äthylen von Bedeutung sind. Unter Epoxidation von Äthylen versteht man den Einbau von Sauerstoff in Äthylen, so daß Äthylenoxid entsteht (Abb. 18). Dieser Einbau von Sauerstoff könnte – und der wirkliche Mechanismus ist wohl heute noch nicht ganz geklärt – entweder aus einer atomaren oder einer molekularen Phase von Sauerstoff erfolgen. Wichtig dabei ist vor allem, daß die Bindung des Sauerstoffs im Sauerstoffmolekül bzw. die Metall-Sauerstoffbindung stark geschwächt ist, so daß dem Einbau in das Äthylen keine allzugroßen Aktivierungsbarrieren entgegenstehen. Ferner ist für die Epoxidation natürlich wichtig, daß Äthylen an der Oberfläche nicht zu stark gebunden oder gar dissoziiert wird. Die Epoxidation steht in Konkurrenz mit der vollständigen Oxidation von Äthylen zu CO, CO_2 und Wasser. Ein unerwünschter Initialschritt in Richtung auf eine solche Reaktion ist zum Beispiel die Brönstedt Säure-Base-Reaktion, bei der aus dem Wasserstoff des Äthylens OH-Gruppen mit dem Sauerstoff an der Oberfläche gebildet werden. Es ist bekannt, daß der beste Katalysator für die Epoxidation von Äthylen, nämlich Silber, selektiv gegenüber der vollständigen Oxidation ist. Die Frage ist deshalb, welche Eigenschaften gerade Silber in dieser Reaktion auszeichnen. Hier hat die Schwingungsspektroskopie einige interessante Ergebnisse geliefert, vor allem was den Vergleich mit Platin anbelangt, das ja ebenfalls als guter Oxidationskatalysator bekannt ist. Sehen wir uns in Abb. 19 zunächst Schwingungsspektren von adsorbiertem Sauerstoff auf Silber an. Adsorbiert man Sauerstoff auf Silber bei tiefen Temperaturen, so entsteht zunächst eine molekulare Phase von Sauerstoff. Diese ist durch zwei charakteristische Schwingungen bei 240 und 640 cm^{-1} gekennzeichnet [6]. 640 cm^{-1} entspricht dabei der innermolekularen Schwingung von Sauerstoff. Das Überraschende an diesem Spektrum ist die außerordentliche niedrige Schwingungsfrequenz von molekularem Sauerstoff, die im Vergleich zur Frequenz der Schwingung von gasförmigem Sauerstoff (1550 cm^{-1}) eine stark geschwächte innere Bindung des Sauerstoffmoleküls im adsorbierten Zustand andeutet. Unter Verwendung dieser Schwingungsfrequenzen und/oder der Obertöne kann man auch zu einer empirischen Abschätzung der Bindungsenergie des molekularen Sauerstoffs im adsorbierten Zustand gelangen. Entsprechend der niedrigen molekularen Bindungsenergie dissoziiert der Sauerstoff auf Silber leicht. Zum Beispiel geht durch Erwärmen auf Zimmertemperatur die molekulare Phase in eine atomare über. Der Prozeß kann in der Schwingungsspektroskopie, Abb. 19, verfolgt werden. Ganz ähnliche Verhältnisse wie bei Silber ergeben sich auch für Platin (Abb. 20). Auch dort existiert eine molekulare Phase mit niedriger Bindungsenergie, die ebenfalls leicht in eine atomare überführt werden kann. Insoweit verhalten sich Silber und Platin also sehr ähnlich. Ganz anders wird das Bild, wenn man die Adsorption von Äthylen auf beiden Oberflächen miteinander vergleicht. Bild 21 stellt die Spektren gegenüber. Adsorbiertes Äthylen auf Silber gibt nur Anlaß zu einer einzigen dipolaktiven Schwingung. Eine gruppentheoretische Betrachtung der Eigenschwingungen des Moleküls unter Berücksichtigung der Symmetrie in der Gasphase und im adsorbierten Zustand zeigt, daß es nur eine Möglichkeit gibt, die nur eine Schwingung dipolaktiv macht. Diese ist gegeben, wenn das Molekül flach auf der Oberfläche liegt und die Bindung zur Oberfläche so schwach ist, daß die Symmetrie des Moleküls nicht gebrochen wird. In diesem Falle ist nur die in Bild 21 angedeutete Schwingung des Moleküls dipolaktiv. Umgekehrt kann also der Kenner aus dem Spektrum unmittelbar ablesen, daß die Bindung von Äthylen auf Silber sehr schwach sein muß. Anders dagegen Äthylen auf Platin. Hier werden durch die Brechung der Symmetrie eine Reihe von Eigenschwingungen des Moleküls dipolaktiv. Ferner ergeben sich starke Verschiebungen der beobachteten Frequenzen gegenüber den Frequenzen des Moleküls in der Gasphase. Das Spektrum erlaubt ferner den Schluß, daß die innere Bindung des Äthylens im adsorbierten Zustand auf Platin nicht mehr einer Kohlenstoffdoppelbindung, sondern nur noch einer Kohlenstoffeinfachbindung entspricht. Andererseits wird eine starke Molekül-Oberflächenbindung ausgebildet, die zu einer typischen Metall-Karbonschwingung von 470 cm^{-1} (siehe Abb. 21) führt. Wir erkennen also, daß trotz weitgehender Ähnlichkeit von Silber und Platin in ihrem Verhalten gegenüber molekularem Sauerstoff ein tiefgreifender Unterschied bei Kohlenwasserstoffen besteht, so daß im Endeffekt Platin zwar ein guter Hydrier- und Dehydrierkatalysator ist, aber ungeeignet zur Äthylenepoxidation, wo die Dehydrierung ein unerwünschter Nebenprozeß ist.

6. Schlußbemerkungen

Sie werden vielleicht bemerkt haben, daß ich im letzten Teil meines Vortrags in zunehmendem Maße Begriffe und Modellvorstellungen verwendet habe, die nicht mehr aus dem Bereich der Festkörperphysik, sondern aus dem der Chemie stammen. Dies ist kein Zufall, sondern charakterisiert eben das interdisziplinäre Forschungsgebiet Oberflächen- und Grenzflächenforschung. Der Beitrag der Physiker liegt dabei häufig im Bereich der Entwicklung neuer experimenteller Methoden, und der Schwerpunkt der physikalischen Untersuchung ist eindeutig bei stark idealisierten aber auch sehr gut kontrollierten und beherrschbaren Systemen zu finden. Der Chemiker, insbesondere in der Frage der heterogenen Katalyse, interessiert sich für Möglichkeiten und Ökonomie der Stoffumwandlungen. Es bedarf großer Erfahrung, die Vielzahl der Parameter, die einen Katalysator charakterisieren, zu erkennen und zu variieren im Hinblick auf ein optimales Gesamtergebnis. Beide aber, Physiker und Chemiker, können voneinander lernen. Der Chemiker vom Physiker gesicherte atomistische Vorstellungen über die Struktur von Oberflächen, mögliche Bindungszustände und Zwischenschritte bei Reaktionen, der Physiker vom Chemiker interessante neue Reaktionen an bisher nicht betrachteten Stoffklassen, die Vielfalt der Möglichkeiten, die in die Betrachtungen mit einzubeziehen sind, bevor man sich ein beherrschbares Idealsystem geschaffen hat, und ein qualitatives Vorwissen, das die Wahrscheinlichkeit dieser oder jener Reaktion aufgrund von Erfahrungen in analogen Systemen vorherzusagen vermag. Insoweit ist der beginnende Dialog zwischen Oberflächenphysikern und Oberflächenchemikern ein guter Ansatzpunkt für eine weitere fruchtbare Entwicklung.

Meinen Kollegen G. COMSA und M. HENZLER danke ich für die Bereitstellung je einer Abbildung. Von den Mitarbeitern des Instituts für Grenzflächenforschung und Vakuumphysik der Kernforschungsanlage Jülich haben insbesondere die Herren BACKES, ERLEY, LEHWALD und STEININGER mit ihren wissenschaftlichen Ergebnissen zu diesem Referat beigetragen.

Literatur

[1] M. HENZLER, in: Festkörperprobleme XI 187, herausgegeben von O. MADELUNG, Vieweg 1971
[2] J. J. LANDER, in: Prog. in Solid State Chemistry, ed. by H. REISS, Pergamon, Oxford 1965, Vol. 2
[3] M. J. CARDILLO, Phys. Rev. B 23, 4279 (1981)
[4] G. CHIAROTTI, S. NANNARONE, R. PASTORE, and P. CHIARADIA, Phys. Rev. B 4, 3398 (1971)
[5] G. BRUSDEYLINS, R. BRUCE DOAK und J. PETER TOENNIES, Phys. Rev. Lett. 46, 437 (1981)
[6] B. SEXTON and R. J. MADIX, wird veröffentlicht
[7] C. BACKX, C. P. M. DE GROOT and P. BILOEN, Surface Sci. 104, 300 (1981) und Appl. Surface Sci. 6, 256 (1980)

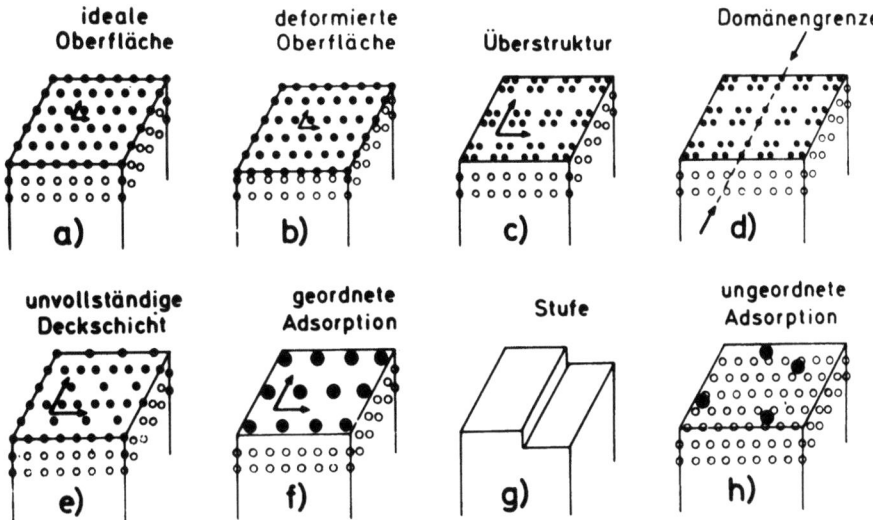

Abb. 1: Schematische Darstellung verschiedenartiger Oberflächenstrukturen nach HENZLER [1].

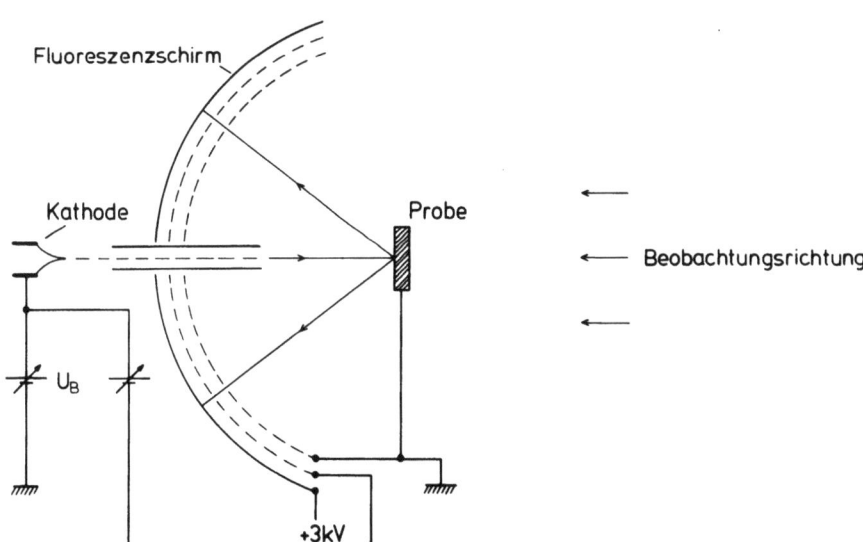

Abb. 2: Schematische Darstellung einer Apparatur zur Beugung langsamer Elektronen. Die von einer Kathode emittierten Elektronen werden an einer Probe gebeugt. Das innere Netz ist elektrisch mit dem Potential der Probe verbunden und dient zur Herstellung eines feldfreien Raums um die Probe. Das zweite Netz liegt auf einem Potential, das nur leicht positiv gegenüber dem Kathodenpotential ist. Dieses Netz sorgt dafür, daß inelastisch gestreute Elektronen den Fluoreszenzschirm nicht erreichen können.

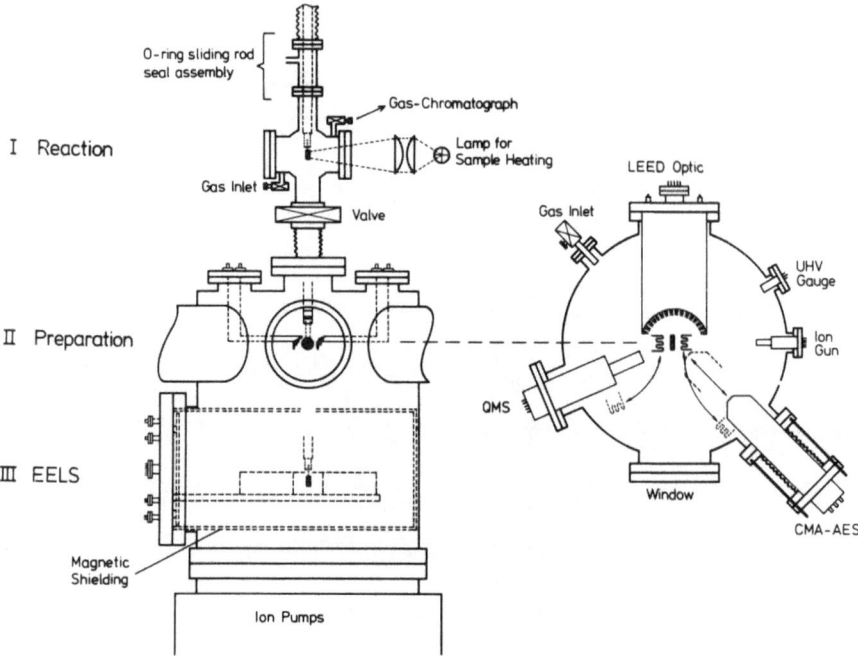

Abb. 3: Typische Ultrahochvakuumanalysen-Apparatur. Drei verschiedene Ebenen erlauben die Durchführung von Reaktionen, die Präparation unter Ultrahochvakuumbedingungen und die Schwingungsanalyse mittels Elektronenenergieverlustspektroskopie.

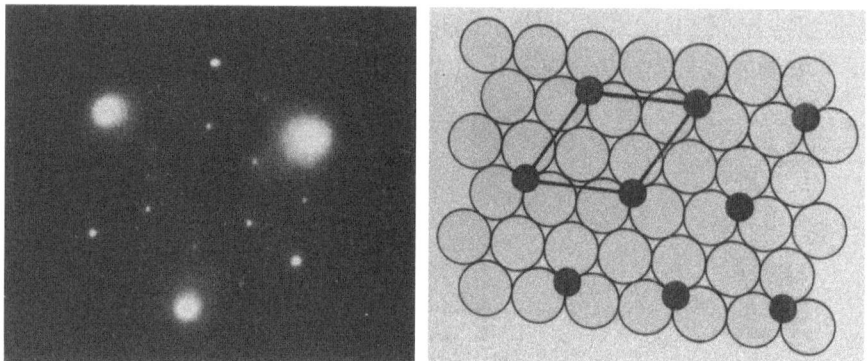

Abb. 4: Kugelmodell einer dicht bepackten (111)-Fläche eines kubisch flächenzentrierten Kristalles und einer Adsorbatüberstruktur. Solche Überstrukturen werden z. B. von Sauerstoff auf Nickel oder Platin gebildet. Links das entsprechende Elektronenbeugungsbild dazu.

Zur Physik und Chemie der Festkörperoberfläche 25

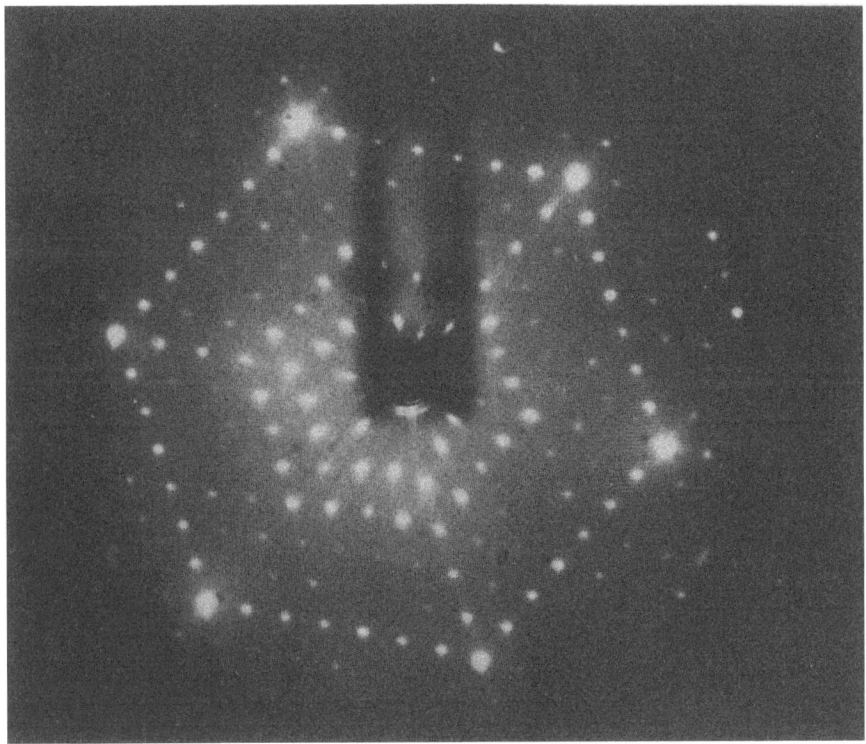

Abb. 5: Das Elektronenbeugungsbild einer rekonstruierten Si(111)-Oberfläche. Die 7×7-Rekonstruktion ergibt sich nach Anlassen im Ultrahochvakuum.

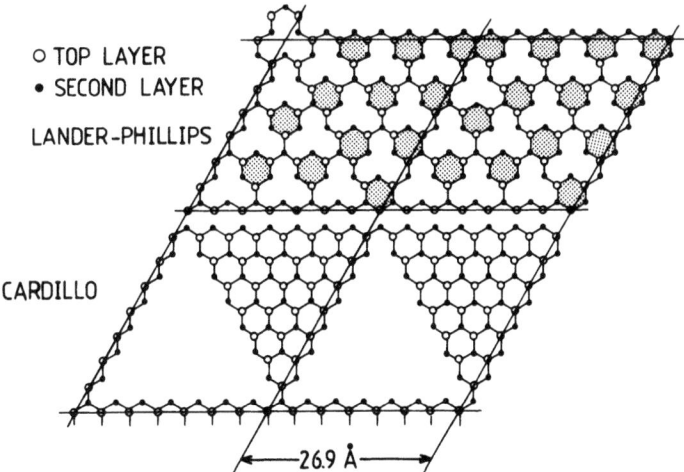

Abb. 6: Zwei verschiedene Strukturvorschläge für die 7×7-Oberfläche von Silizium.

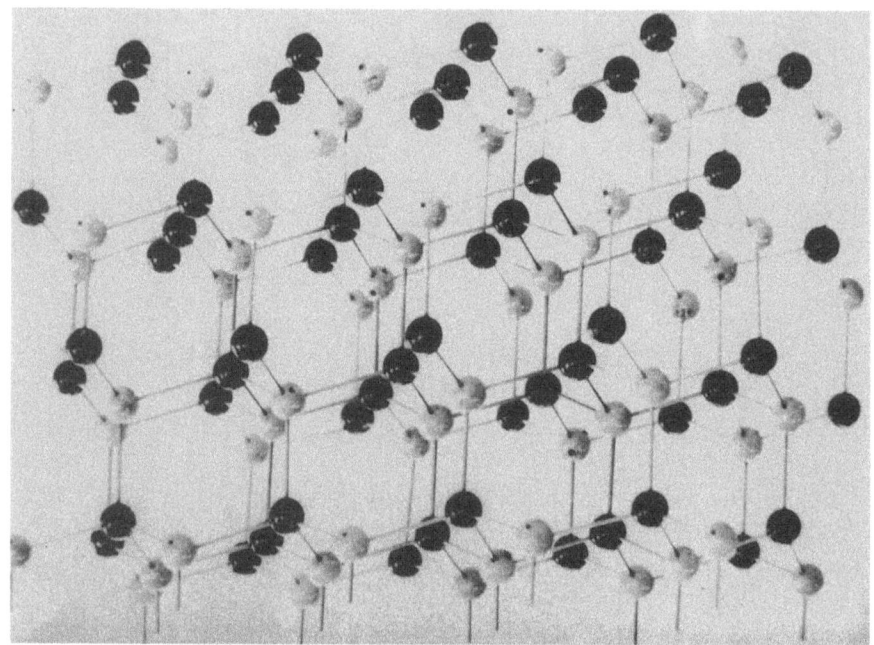

Abb. 7: Kugelmodell der Siliziumstruktur mit einer (111)-Oberfläche.

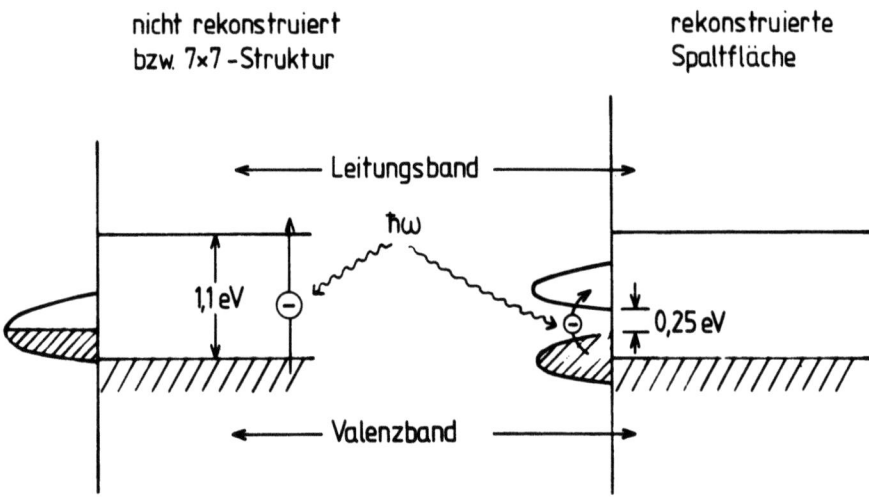

Abb. 8: Bandstruktur der Elektronenzustände an der Oberfläche von Silizium (stark schematisiert). Neben dem Valenz- und Leitungsband der Volumenzustände gibt es elektronische Oberflächenzustände durch die freien Valenzen. Letztere können einen metallischen Charakter einnehmen oder in zwei Subbänder aufspalten, von denen eines ganz besetzt und das andere unbesetzt ist.

Zur Physik und Chemie der Festkörperoberfläche 27

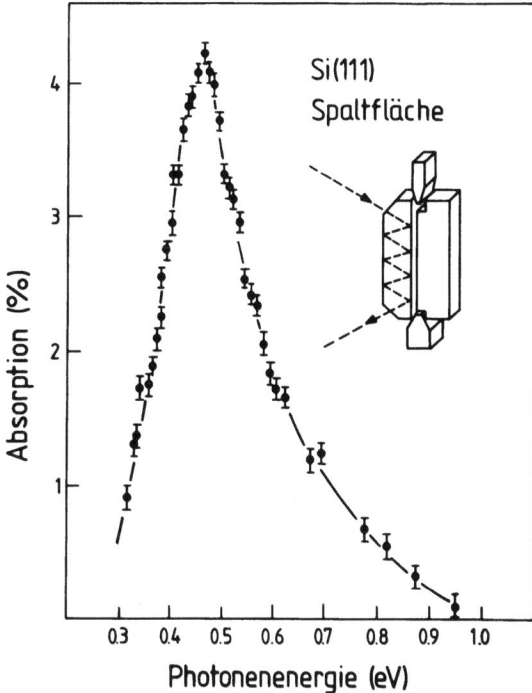

Abb. 9: Nachweis der Existenz einer Energielücke zwischen besetzten und unbesetzten Oberflächenzuständen auf der Spaltfläche von Silizium (wie in Abb. 8 rechts angedeutet) durch ein optisches Absorptionsexperiment [4].

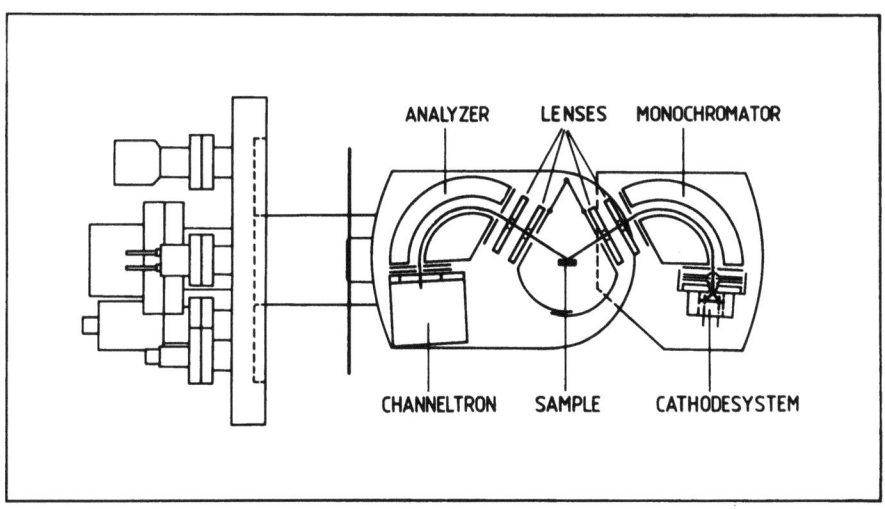

Abb. 10: Elektronenenergieverlustspektrometer.

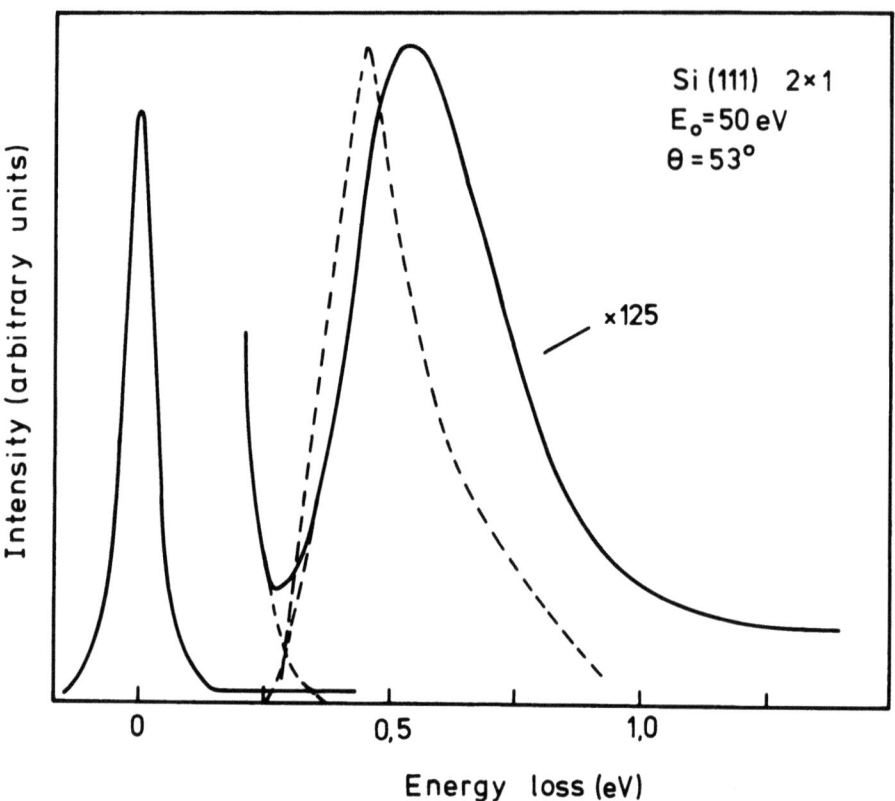

Abb. 11: Vergleich des Energieverlustspektrums von Elektronen mit der optischen Absorption aus Abb. 9. Der Vergleich zeigt die Verwandtschaft der Elektronenenergieverlustspektroskopie mit lichtoptischen Experimenten. Die geringfügige Verschiebung der beiden Banden gegeneinander ist durch die unterschiedliche dielektrische Antwort des Systems auf Elektronen und auf Licht zu erklären.

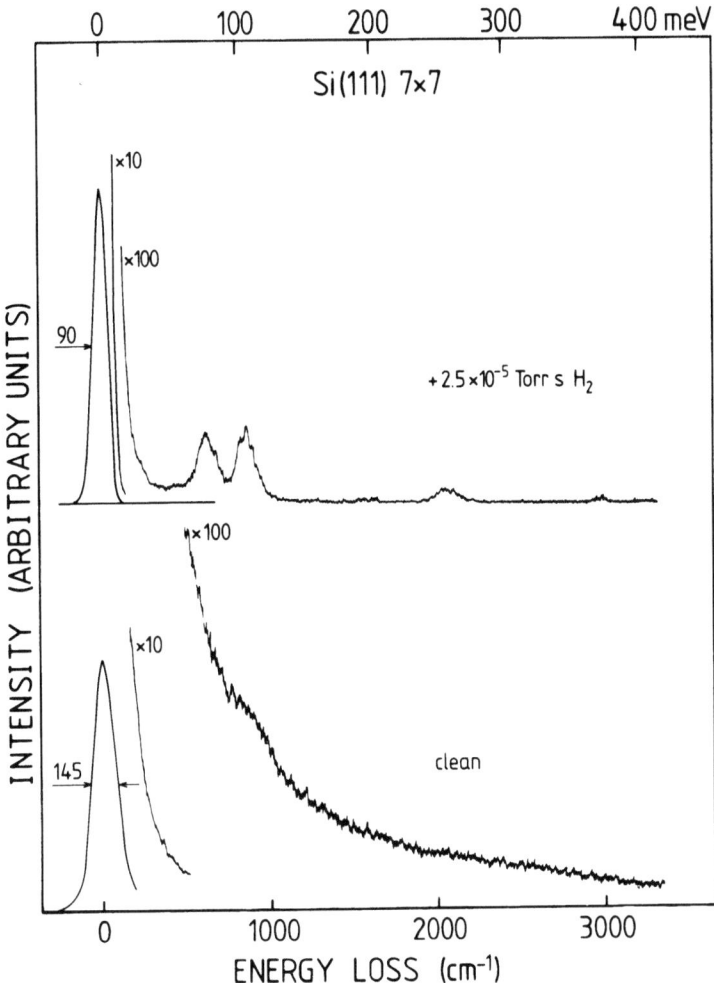

Abb. 12: Elektronenenergieverlustspektrum einer reinen Silizium-(111)-Fläche mit 7×7-Rekonstruktion (unten). Im Gegensatz zur Siliziumspaltfläche (mit einer 2×1-Rekonstruktion) weist die 7×7-Oberfläche keine Absorptionsbande, sondern ein Absorptionskontinuum auf, welches typisch für einen metallischen Zustand der Oberflächenzustände ist (Abb. 8 links). Nach Adsorption einer geringen Menge von Wasserstoff (etwa eine Monolage) verschwindet das Kontinuum (oben), da die freien Valenzen abgesättigt werden. Anstelle des Untergrundes sind jetzt Eigenschwingungen von adsorbiertem Wasserstoff sichtbar.

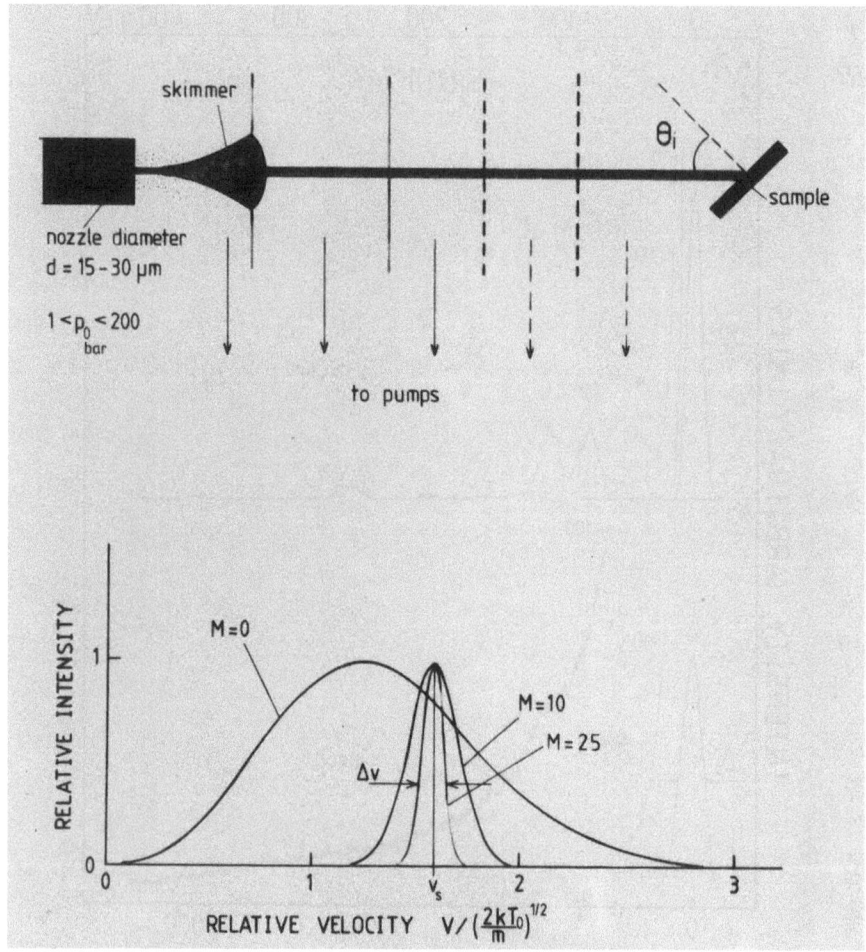

Abb. 13: Schematische Darstellung der Erzeugung eines monochromatischen Atomstrahles. Durch mehrfaches differentielles Pumpen bleiben schließlich im Strahl nur Atome mit einer schmalen Energieverteilung (Bild unten) übrig [nach G. Comsa, private Mitteilung].

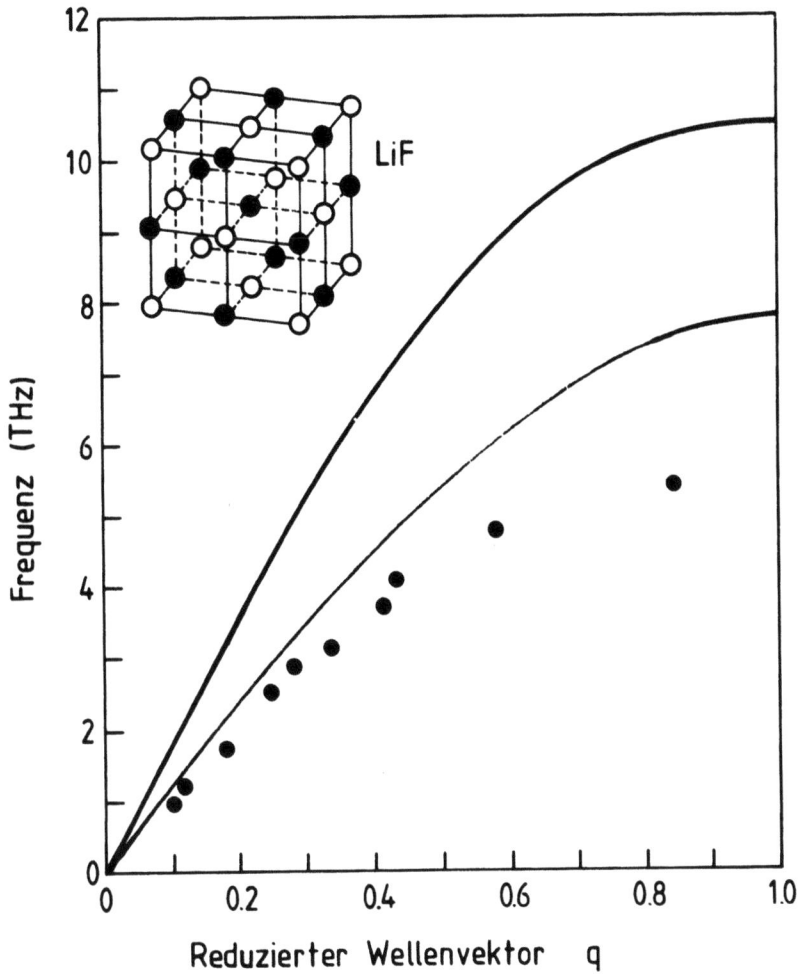

Abb. 14: Messung der Dispersion von Oberflächenwellen (Rayleigh-Wellen) an Lithium-Fluorid. Die ausgezogenen Linien sind die Dispersionskurven für Volumengitterschwingungen.

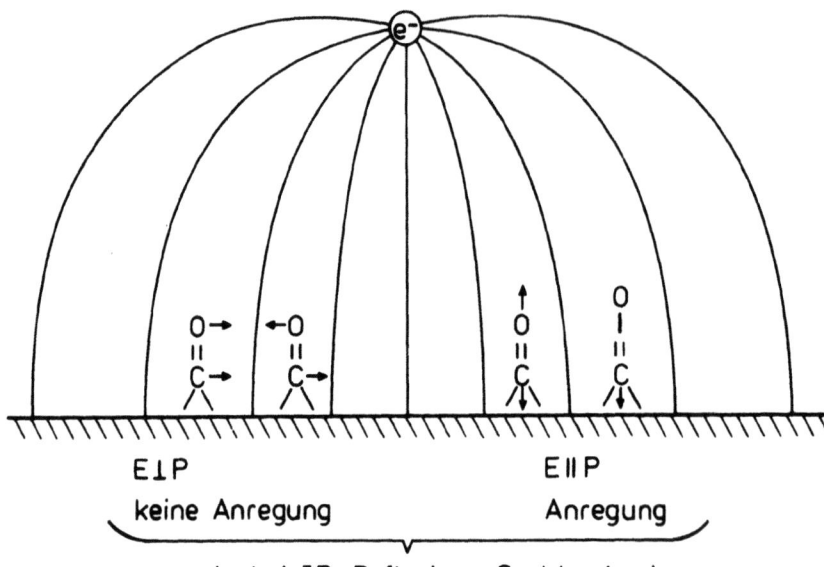

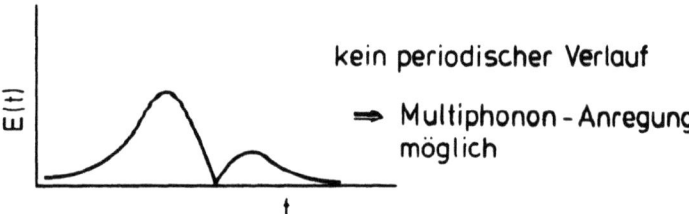

Abb. 15: Anregung von Eigenschwingungen von adsorbierten Molekülen durch Elektronen. Das elektrische Feld des Elektrons kann nur mit solchen Molekülschwingungen wechselwirken, die ein Dipolmoment senkrecht zur Oberfläche haben. Im Unterschied zur Anregung durch infrarotes Licht ist der zeitliche Verlauf des elektrischen Feldes an der Oberfläche nicht periodisch. Dadurch sind Vielfachanregungen möglich.

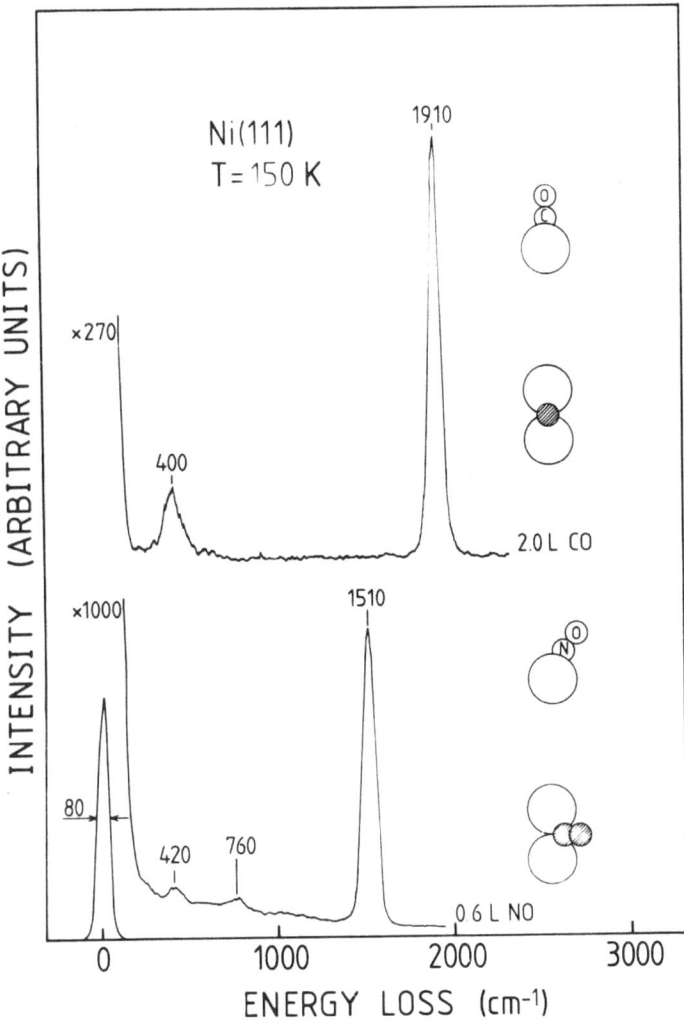

Abb. 16: Illustration der Bedeutung der Auswahlregel für die Interpretation von Oberflächenstrukturen: Für das senkrecht stehende CO-Molekül sind nur die CO-Streckschwingung und die Metall-Karbonschwingung (1910 cm^{-1} bzw. 400 cm^{-1}) sichtbar, während für das gewinkelte NO eine zusätzliche Bande bei 760 cm^{-1} beobachtet wird.

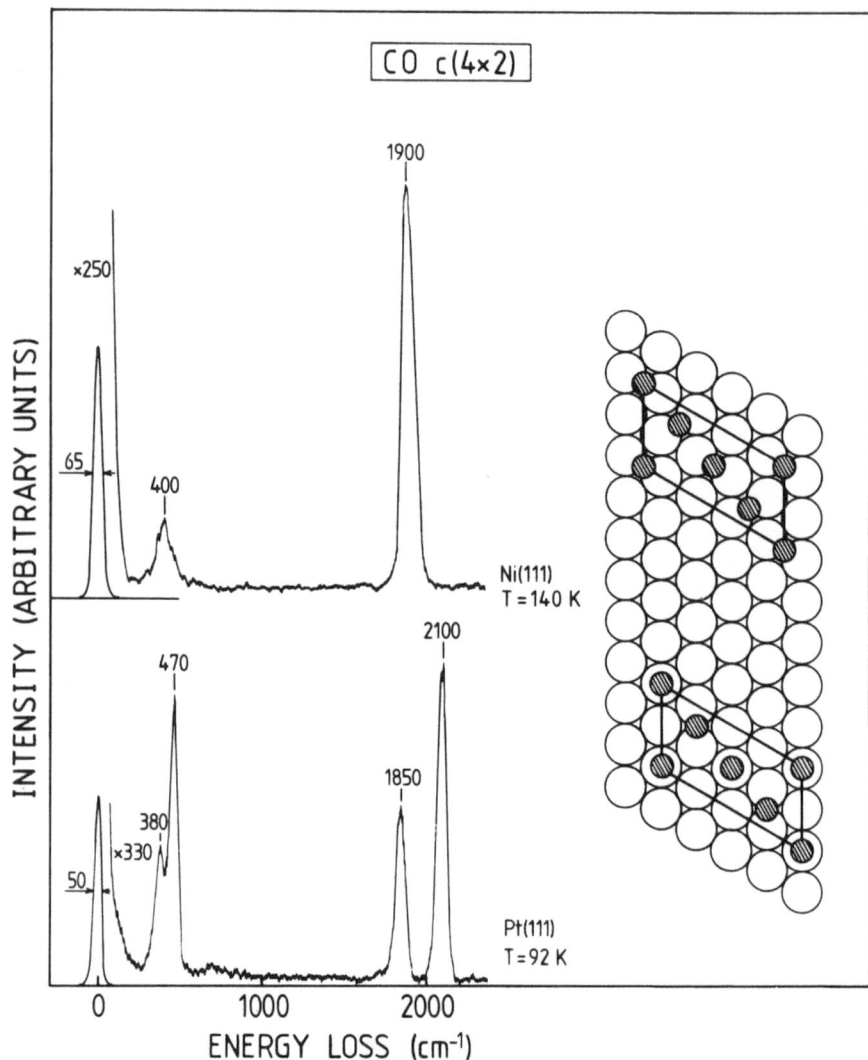

Abb. 17: Zusammenhang zwischen Adsorptionsplätzen und Schwingungsspektrum: Bei Belegung mit einer halben Monolage bildet CO auf der (111)-Fläche von Nickel und Platin die gleiche Elementarmasche (Bild rechts). Der Vergleich der Spektren zeigt jedoch, daß die Elementarmaschen bei Nickel und Platin verschieden auf der Oberfläche positioniert sind. Bei Nickel wird nur der Brückenplatz eingenommen, während beim Platin sowohl Brückenplätze als auch endständige Plätze besetzt sind.

Zur Physik und Chemie der Festkörperoberfläche

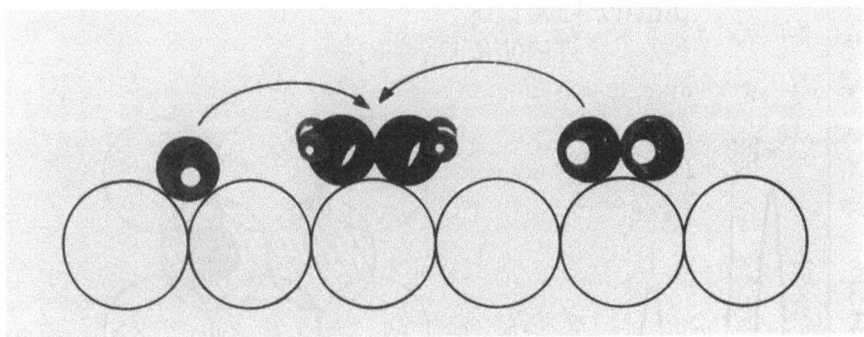

Brönstedt Säure-Base Reaktion
⇒ Bildung von OH-Gruppen und vollständige Oxidation

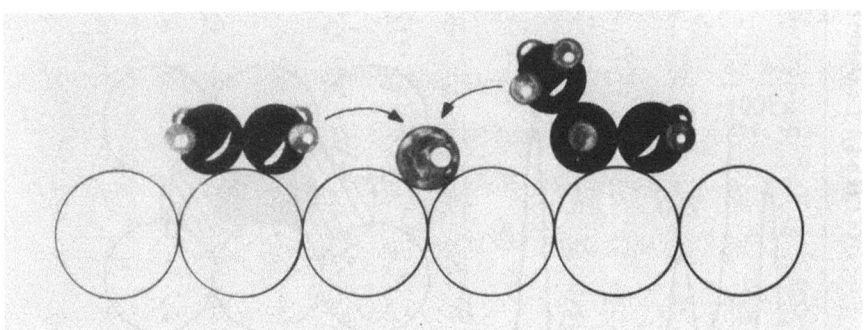

Abb. 18: Schematische Darstellung der Epoxidation von Äthylen aus einer atomaren bzw. molekularen Sauerstoffphase und einer (unerwünschten) Brönstedt Säure-Base-Reaktion, die die vollständige Oxidation von Äthylen einleiten würde.

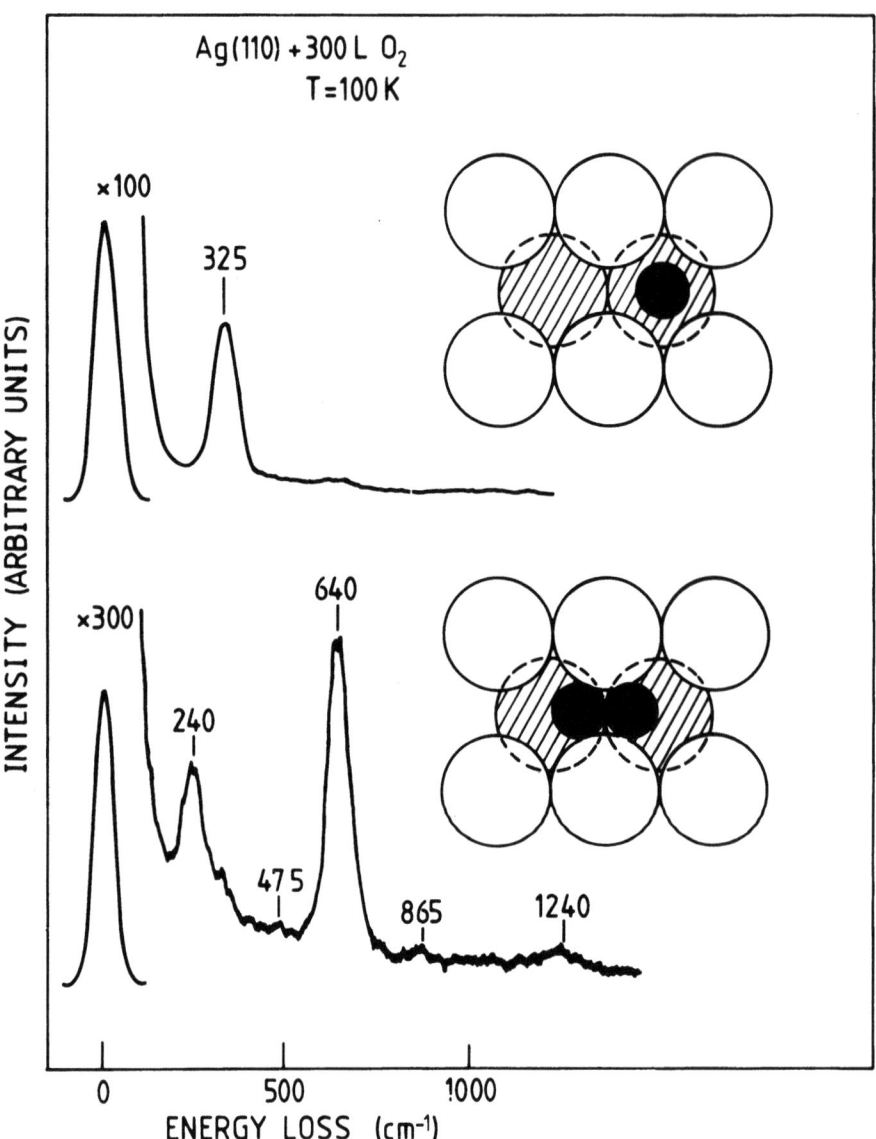

Abb. 19: Schwingungsspektrum von molekularen und atomarem Sauerstoff auf Silber nach SEXTON und MADIX [6].

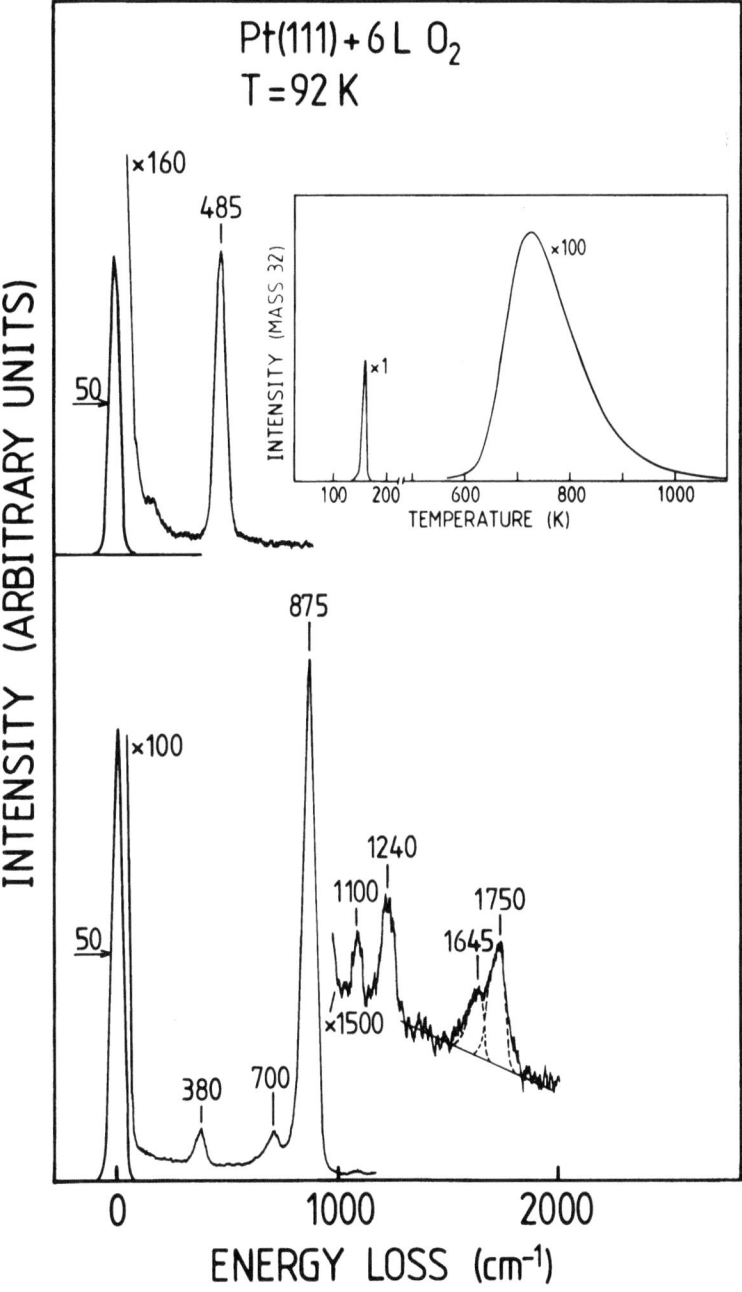

Abb. 20: Schwingungsspektrum von zwei molekularen Phasen und der atomaren Phase von Sauerstoff auf Platin. Deutlich sind auch die Vielfachanregungen bzw. Obertöne der molekularen Phasen erkennbar. Die eingeschobene Figur zeigt ein Desorptionsspektrum, aus dem die unterschiedliche Bindungsenergie von molekularem und atomarem Sauerstoff sichtbar wird.

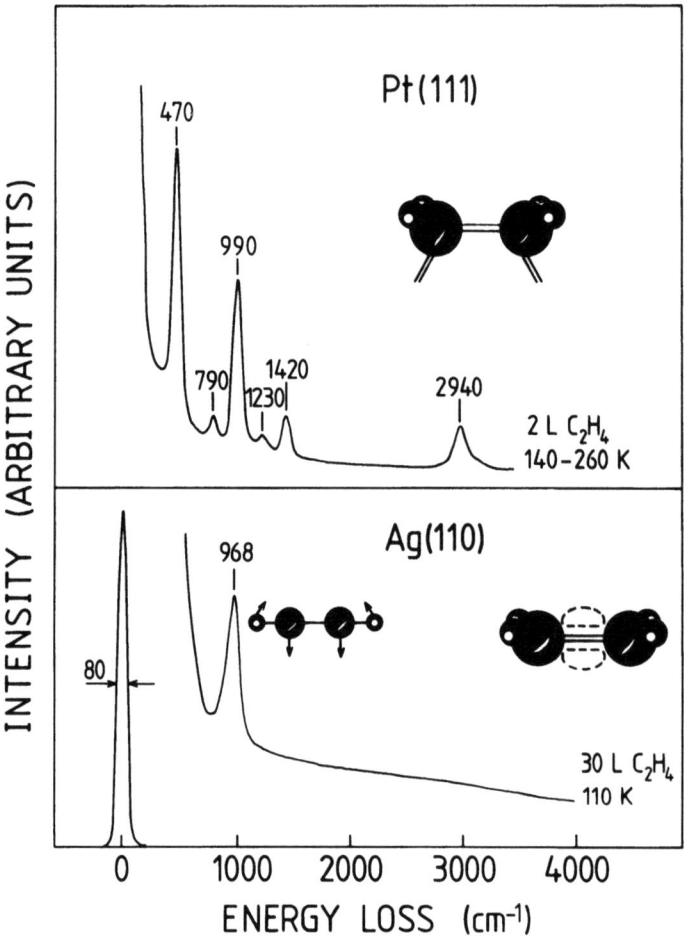

Abb. 21: Vergleich des Spektrums von adsorbiertem Äthylen auf Platin und auf Silber. Die Wechselwirkung von Äthylen mit Silber ist sehr schwach. Deshalb wird nur die Schwingung sichtbar, die auch in der Gasphase ein Dipolmoment aufweist. Durch Vergleich mit den Infrarotschwingungen von gasförmigem Äthylen läßt sich zeigen, daß Äthylen flach auf der Oberfläche adsorbiert wird. Bei Adsorption auf Platin werden dagegen durch die Brechung der Symmetrie infolge der starken chemischen Wechselwirkung zur Oberfläche weitere Schwingungen dipolaktiv. Man kann aus dem Spektrum ferner zeigen, daß die CC-Doppelbindung von gasförmigem Äthylen an der Platin-Oberfläche in eine Einfachbindung umgewandelt wird. Spektrum von Äthylen auf Silber nach BACKX et al. [7].

Diskussion

Herr Rollnik: Sie haben deutlich gemacht, wie wichtig es ist, verschiedene Methoden zu haben, Streumethoden, um verläßliche physikalische Informationen zu bekommen. Warum eigentlich nicht Neutronenstreuung? Ist das für die Oberfläche nicht machbar?

Herr Ibach: Man kann einige Experimente machen. Die Neutronen haben ja eine relativ geringe Wechselwirkung mit der Materie. Um überhaupt nennenswerte Signale zu haben, braucht man also sehr viel Oberfläche. Andererseits ist es dann natürlich schwierig, zwischen Volumenatomen und Oberflächenatomen zu diskriminieren. Man untersucht sehr viel spezielle Substrate, das berühmte Graphoil, ein geordneter Graphit, auf welchem dann Absorptionsexperimente durchgeführt werden. Man hat dabei sehr viel über zweidimensionale Phasen und zweidimensionale Phasenübergänge gelernt. Die Aussagen, die bisher über Katalysatoren gewonnen wurden, waren noch nicht so sehr überzeugend. Weitere Ergebnisse sind aber in nächster Zeit zu erwarten. Grundsätzlich besteht immer das Problem der Abtrennung der Information vom Substrat.

Herr Rollnik: Ihr Institut ist ja in der Kernforschungsanlage Jülich, und daß ich von Neutronen gesprochen habe, geht natürlich auch ein wenig in diese Richtung. Inwieweit hat sich die Tatsache, daß Ihr Institut in dieser Großforschungsanlage arbeitet, auf Ihre Forschungsergebnisse und auf Ihre Forschungsarbeit ausgewirkt? Könnte man Ihr Institut theoretisch auch an eine Hochschule setzen, ohne daß sich etwas ändert?

Herr Ibach: Mit einigen Komponenten im Prinzip ja; mit anderen Komponenten ist es schwieriger. Es gibt durchaus vergleichbare Aktivitäten. In München gibt es eine sehr starke Gruppe von Oberflächenphysikern, und man kann eigentlich nicht sagen, daß sie etwas grundsätzlich anderes macht. In dem Sinne wäre es also durchaus denkbar, daß ein vergleichbares Institut auch an einer Hochschule ist.
Was bei uns zu dem Forschungsbereich, den ich hier dargestellt habe, hinzukommt, ist eine starke anwendungsbezogene Komponente im Rahmen der Me-

thodenentwicklung. Wir haben in unserem Institut eine ganze Reihe von Verfahren entwickelt, die jetzt auch von der Industrie in Form von Geräten oder von Apparaturen übernommen wurden und auf den Markt gebracht werden. Ich könnte mir vorstellen, daß dies an der Hochschule etwas schwieriger ist, weil da im Sinne des technischen Personals und dessen Permanenz oft nicht so sehr gute Voraussetzungen sind. Ich sage nicht, daß man sie nicht schaffen könnte. Ich sage auch nicht, daß man sie nicht schaffen sollte. Aber zumindest ausgehend von dem gegenwärtigen Zustand ist es sicher an einer Großforschungsanlage leichter.

Herr von Zahn: Sie erwähnten en passant, daß molekularer Sauerstoff an Silber und an Platin absorbiert. Gilt es nach wie vor, daß er nicht in molekularer Form an Goldoberflächen absorbiert? Wenn das zutrifft, woher kommt der Unterschied zwischen Gold und z. B. Platin?

Herr Ibach: Die zweite Frage ist mit Sicherheit sehr schwer zu beantworten. Man hat zumindest keinen molekularen Zustand nachweisen können. Das heißt nicht, daß es ihn nicht gibt. Es könnte bei sehr tiefen Temperaturen, also mit sehr schwacher Bindungsenergie, durchaus etwas existieren. Leider gibt es nur sehr wenige Experimentiereinrichtungen, die wirklich bei tiefen Temperaturen gleichzeitig gute Oberflächenforschung machen können. Das fängt jetzt gerade an. Aber es ist sicher so: Wenn ein molekularer Zustand existiert, wird er nur eine sehr kleine Bindungsenergie haben.

Herr Pischinger: Mir hat diese Darstellung der Oberflächen im Hinblick auf Katalysatoren einiges gegeben. Als Motorenbauer bin ich auch auf dem Gebiet der Abgasentgiftung tätig und muß dabei immer wieder feststellen, daß die Entwicklung eines selektiven Katalysators immer noch ein aufwendiges Probieren ist. Ihre Darstellungen zeigen, daß man heute gewisse Hoffnungen haben kann, durch physikalisch begründete Modelle einmal Katalysatoren gezielt „konstruieren" zu können. Glauben Sie, daß das tatsächlich in absehbarer Zeit möglich sein wird?

Herr Ibach: Ja, mit Einschränkungen. Natürlich kann man sicherlich nicht das Sreening ersetzen, und auch die Feinabstimmung des Katalysators, bei der eine große Anzahl von Parametern eingehen, ist oft nicht zu machen. Aber es gibt Beispiele. Von einem Beispiel habe ich gerade vor kurzem gehört, wo eine Firma tatsächlich Infrarotspektroskopie für die Feinabstimmung eingesetzt hat. Infrarotspektroskopie ist eines der Verfahren, die man auch an realen Katalysatoren unter Reaktionsbedingungen einsetzen kann.

Herr Pischinger: Die zweite Frage geht in die gleiche Richtung: Es gibt ein sehr konkretes und noch nicht gelöstes Problem in der Abgasentgiftung, nämlich die Stickoxidreduktion bei Luftüberschuß. Wir kennen hier nur Katalysatoren für das Luftmangelgebiet. Gerade im Zeitalter des Energiesparens will man die Verbrennungsprozesse möglichst mit Luftüberschuß ablaufen lassen, kann aber die Stickoxide in den Abgasen bis heute noch nicht katalytisch reduzieren, obwohl der zweite Hauptsatz der Thermodynamik aussagt, daß dies möglich sein müßte.

Sehen Sie aus Ihren Untersuchungen hier Ansatzpunkte für eine Lösung? Mir ist bewußt, daß dies eine sehr spezielle Frage ist.

Herr Ibach: Natürlich, und deshalb passe ich auch gleich.

Herr Pischinger: Aber das wäre eine Aufgabe.

Herr Ibach: Das wäre sicherlich eine Aufgabe. Ich habe davon auch nicht zum erstenmal gehört, aber es ist schon schwierig. Vor allem kommt da natürlich der Gesichtspunkt hinein, daß man eigentlich nicht nur Physiker, sondern viel mehr Chemiker braucht. Da wäre eine Zusammenarbeit sicher sehr nützlich. Ich bin allerdings davon überzeugt, daß an dem gleichen Problem auch Ford und General Motors sehr heftig arbeiten, die ja große Laboratorien gerade auf dem Oberflächensektor unter Einbeziehung der Chemie haben.

Veröffentlichungen
der Rheinisch-Westfälischen Akademie der Wissenschaften

Neuerscheinungen 1976 bis 1981

Vorträge N
Heft Nr.

NATUR-, INGENIEUR- UND
WIRTSCHAFTSWISSENSCHAFTEN

256	Joachim Kowalewski, Aachen	Neuere Erkenntnisse über Schwingungen von Bauwerken im Wind
	Oskar Pawelski, Düsseldorf	Wege und Grenzen der Plastomechanik bei der Anwendung in der Umformtechnik
257	Joseph Straub, Köln	Fortschritte in der Kultur von Pflanzenzellen – neue Züchtungsmethoden
	Meinhart H. Zenk, Bochum	Das physiologische Potential pflanzlicher Zellkulturen
258	Hans Cottier, Bern	Die Lebensgeschichte der Lymphozyten und ihre Funktionen
	Sven Effert, Aachen	Über einige neuere Möglichkeiten der Herzdiagnostik
259	Dietrich Welte, Aachen	Anwendung der organischen Geochemie für die Erdölexploration
	Werner Schreyer, Bochum	Hochdruckforschung in der modernen Gesteinskunde
260	Ilya Prigogine, Brüssel	L'Ordre par Fluctuations et le Système Social
	Josef Meixner, Aachen	Entropie einst und jetzt
261	Horst E. Müser, Saarbrücken	Grundlagen und Anwendungen der Ferroelektrizität
	Heinz Bittel, Münster	Das Rauschen, ein ebenso interessantes wie störendes Phänomen
262	Ekkehard Grundmann, Münster	Vorstadien des Krebses
	Norbert Hilschmann, Göttingen	Das Antikörperproblem, ein Modell für das Verständnis der Zelldifferenzierung auf molekularer Ebene
263	Hans K. Schneider, Köln	Die Zukunft unserer Energiebasis als ökonomisches Problem
	Hans Frewer, Erlangen	Wandel der Energietechnik durch Einsatz neuer Energieträger
264	Wolfgang Pitsch, Düsseldorf	Thermodynamik der Eisenmischkristalle
	Bernhard Ilschner, Erlangen	Innere Regelkreise bei der Hochtemperatur-Verformung kristalliner Festkörper
265	Franz Huber, Seewiesen (Obb.)	Lautäußerungen und Lauterkennen bei Insekten (Grillen)
		Jahresfeier am 26. Mai 1976
266	Herbert Giersch, Kiel	Perspektiven der Entwicklung der Weltwirtschaft
	Norbert Szyperski, Köln	Unternehmungs- und Gebietsentwicklung als Aufgabe einzelwirtschaftlicher und öffentlicher Planung
267	Hans Brand, Erlangen	Möglichkeiten und Grenzen einer technischen Nutzung der Sonnenenergie
	Karl-Friedrich Knoche, Aachen	Thermochemische Wasserzersetzungsprozesse
268	Bartel Leendert van der Waerden, Zürich	Die vier Wissenschaften der Pythagoreer
	Hans Hermes, Freiburg i. Br.	Hundert Jahre formale Logik
269	Karl Ernst Wohlfarth-Bottermann, Bonn	Cytoplasmatische Actomyosine und ihre Bedeutung für Zellbewegungen
	Ernst Zebe, Münster	Anaerober Stoffwechsel bei wirbellosen Tieren
270	Ronald Mason, Brighton, U. K.	The Evolution of a Coordination and Organometallic Chemistry of Surfaces
	Max Schmidt, Würzburg	Elementarer Schwefel – neue Fragen zu einem alten Problem
271	Wolfgang Flaig, Braunschweig	Fortschritte auf dem Gebiet der Biochemie des Bodens im Bezug zur pflanzlichen Produktion (Übersicht)
	Hermann Kick, Bonn	Probleme der Düngung in der modernen Landwirtschaft
272	Dietrich W. Lübbers, Dortmund	Die Sauerstoffversorgung der Warmblüterorgane unter normalen und pathologischen Bedingungen
	Gerhard Neuweiler, Frankfurt/M.	Die Echoortung der Fledermäuse
273	Ulrich Bonse, Dortmund	Interferometrie mit Röntgen- und Neutronenstrahlen
	Horst Stegemeyer, Paderborn	Flüssige Kristalle: Strukturen, Eigenschaften und Bedeutung
274	Kurt Fränz, Ulm	Humanismus und Technik – Variationen über ein altes Thema
275	Joseph Rutenfranz, Dortmund	Arbeitsphysiologische Grundprobleme von Nacht- und Schichtarbeit
	Rainer Bernotat, Meckenheim	Ergonomische Gestaltung von Mensch-Maschine-Systemen
276	Gerhard Fels, Kiel	Wiederbelebung der privaten Investitionstätigkeit als wirtschaftspolitische Aufgabe
	Herbert Hax, Köln	Finanzwirtschaftliche Planung in der Unternehmung bei Geldentwertung
277	Friedrich Liebau, Kiel	Fortschritte auf dem Gebiet der Kristallchemie der Silikate
278	Heinrich Kuttruff, Aachen	Gelöste und ungelöste Fragen der Konzertsaalakustik
	Hermann Schenck, Aachen	Prosperität und Handlungsfreiheit der Stahlindustrie im Kraftfeld konjunktureller und struktureller Bewegungen

279	Joseph Straub, Köln	Züchtungsforschung im Dienste der Ernährung
		Jahresfeier am 3. Mai 1978
280	Heinrich Mandel, Essen	Die Kernenergie im Spannungsfeld zwischen wirtschaftlicher Nutzung und öffentlicher Billigung
281	Wolfgang Zerna, Bochum	Probleme des Spannbetons
	Karl Kordina, Braunschweig	Über das Brandverhalten von Bauteilen und Bauwerken
282	Werner H. Hauss, Münster	Über die Möglichkeit, Koronarsklerose und Herzinfarkt zu verhüten und zu behandeln
	Ludwig E. Feinendegen, Jülich	Externe Messung von Herzstruktur und -funktion
283	Gotthilf Hempel, Kiel	Meeresfischerei als ökologisches Problem
	Eugen Seibold, Kiel	Rohstoffe in der Tiefsee – Geologische Aspekte
284	Heinz-Günther Wittmann, Berlin	Ribosomen und Proteinbiosynthese
285	Helmut Domke, Aachen	Sicherungsmaßnahmen gegen Bergschäden und Erdbeben
	Friedrich-Wilhelm Gundlach, Berlin	Der Einfluß des Regens auf die Ausbreitung von Mikrowellen
286	Horst Rollnik, Bonn	Ideen und Experimente für eine einheitliche Theorie der Materie
287	John C. Harsanyi, Berkeley, Bonn	A new solution concept for both cooperative and noncooperative games
	Reinhard Selten, Bielefeld	Experimentelle Wirtschaftsforschung
288	Friedrich Hund, Göttingen	Die Rolle des Dualismus Welle-Teilchen beim Werden der Quantentheorie
	Claus Müller, Aachen	Neue Verfahren zur Lösung der elliptischen Randwertprobleme der Mathematischen Physik
289	Ulrich Hütter, Stuttgart	Moderne Windturbinen
	Rudolf Schulten, Jülich	Kernenergietechnik heute
290	Paul Arthur Mäcke, Aachen	Planerische Möglichkeiten für einen humanen Stadtverkehr
	Karlheinz Roik, Bochum	Schrägseilbrücken – Beispiele und Entwicklungstendenzen im modernen Stahlbrückenbau
291	Stefan Vogel, Wien	Florengeschichte im Spiegel blütenökologischer Erkenntnisse
	Walter Larcher, Innsbruck	Klimastreß im Gebirge – Adaptationstraining und Selektionsfilter für Pflanzen
292	Günther Gerisch, Basel	Periodische Enzymaktivierung als Kontrollfaktor multizellulärer Entwicklung
	Jens Blauert, Bochum	Neuere Ergebnisse zum räumlichen Hören
293	Franz Grosse-Brockhoff, Düsseldorf	Herzbehandlung mit dem ‚Fingerhut' einst und jetzt
294	Norbert Kloten, Stuttgart	Das Europäische Währungssystem. Eine europäische Grundentscheidung im Rückblick
295	Karl Schindler, Bochum	Die Magnetosphäre der Erde und ihre Dynamik
296	Eugene P. Cronkite, New York	The hungry granulocyte – Its fate and regulation of production
297	Volker Aschoff, Aachen	Aus der Geschichte der Telegraphen-Codes
	Hans Dieter Lüke, Aachen	Moderne Probleme der Nachrichten-Codierung
298	Karl Kremer, Düsseldorf	Kunststoffe in der Chirurgie
	Gerd Meyer-Schwickerath, Essen	Augenoperationen in mikroskopischen Dimensionen
299	Wolfgang Backé, Aachen	Die Rolle der Fluidtechnik bei der Entwicklung neuartiger Maschinenkonzepte
	Rolf Staufenbiel, Aachen	Entwicklung des zivilen Luftverkehrs unter den Aspekten der Umweltbelastung und dem Zwang von Energieersparnis
300	Hans Adolf Krebs, Oxford	On asking the right kind of question in biological research
	Jozef Schell, Köln	Neue Aussichten für die Pflanzenzüchtung: Gen-Übertragung mit dem Ti-Plasmid
301	Gerhard M. Schneider, Bochum	Fluide Mischungen bei hohen Drücken
	Albrecht Maas, Bonn	Direktbeobachtung und Analyse von Kristallwachstumsvorgängen im hochauflösenden Transmissions-Elektronmikroskop
302	Albrecht Rabenau, Stuttgart	Lithiumnitrid und verwandte Stoffe
	Ulrich Wannagat, Braunschweig	Sila-Substitutionen
303	Hans K. Schneider, Köln	Wirtschaftliches Wachstum – trotz erschöpfbarer natürlicher Ressourcen?
		Jahresfeier am 11. Juni 1980
304	Hermann Flohn, Bonn	Kohlendioxyd, Spurengase und Glashauseffekt: ihre Rolle für die Zukunft unseres Klimas
305	Heinz Duddeck, Braunschweig	Die Entwicklung der technischen Wissenschaft ‚Tunnelbau'
	Wolfgang Zerna, Bochum	Tanks für kryogene Flüssigkeiten
306	Harald Schäfer, Münster	Der Einfluß von Gasen auf die Reaktionsfähigkeit fester Stoffe
	Herbert Döring, Aachen	75 Jahre Hochvakuumelektronenröhren
309	Harald Ibach, Jülich/Aachen	Zur Physik und Chemie der Festkörperoberfläche
310	Edmond Malinvaud	La profitabilité comme facteur de l'investissement
	Burkart Lutz	Einige Aspekte von Theorie und Empirie segmentierter Arbeitsmärkte

ABHANDLUNGEN

Band Nr.

27	Ahasver von Brandt, Heidelberg, Paul Johansen, Hamburg, Hans van Werveke, Gent, Kjell Kumlien, Stockholm, Hermann Kellenbenz, Köln	Die Deutsche Hanse als Mittler zwischen Ost und West
28	Hermann Conrad, Gerd Kleinheyer, Thea Buyken und Martin Herold, Bonn	Recht und Verfassung des Reiches in der Zeit Maria Theresias. Die Vorträge zum Unterricht des Erzherzogs Joseph im Natur- und Völkerrecht sowie im Deutschen Staats- und Lehnrecht
29	Erich Dinkler, Heidelberg	Das Apsismosaik von S. Apollinare in Classe
30	Walther Hubatsch, Bonn u. a.	Deutsche Universitäten und Hochschulen im Osten
31	Anton Moortgat, Berlin	Tell Chuēra in Nordost-Syrien. Bericht über die vierte Grabungskampagne 1963
32	Albrecht Dihle, Köln	Umstrittene Daten. Untersuchungen zum Auftreten der Griechen am Roten Meer
33	Heinrich Behnke und Klaus Kopfermann (Hrsg.), Münster	Festschrift zur Gedächtnisfeier für Karl Weierstraß 1815–1965
34	Joh. Leo Weisgerber, Bonn	Die Namen der Ubier
35	Otto Sandrock, Bonn	Zur ergänzenden Vertragsauslegung im materiellen und internationalen Schuldvertragsrecht. Methodologische Untersuchungen zur Rechtsquellenlehre im Schuldvertragsrecht
36	Iselin Gundermann, Bonn	Untersuchungen zum Gebetbüchlein der Herzogin Dorothea von Preußen
37	Ulrich Eisenhardt, Bonn	Die weltliche Gerichtsbarkeit der Offizialate in Köln, Bonn und Werl im 18. Jahrhundert
38	Max Braubach, Bonn	Bonner Professoren und Studenten in den Revolutionsjahren 1848/49
39	Henning Bock (Bearb.), Berlin	Adolf von Hildebrand, Gesammelte Schriften zur Kunst
40	Geo Widengren, Uppsala	Der Feudalismus im alten Iran
41	Albrecht Dihle, Köln	Homer-Probleme
42	Frank Reuter, Erlangen	Funkmeß. Die Entwicklung und der Einsatz des RADAR-Verfahrens in Deutschland bis zum Ende des Zweiten Weltkrieges
43	Otto Eißfeld, Halle, und Karl Heinrich Rengstorf (Hrsg.), Münster	Briefwechsel zwischen Franz Delitzsch und Wolf Wilhelm Graf Baudissin 1866–1890
44	Reiner Haussherr, Bonn	Michelangelos Kruzifixus für Vittoria Colonna. Bemerkungen zu Ikonographie und theologischer Deutung
45	Gerd Kleinheyer, Regensburg	Zur Rechtsgestalt von Akkusationsprozeß und peinlicher Frage im frühen 17. Jahrhundert. Ein Regensburger Anklageprozeß vor dem Reichshofrat. Anhang: Der Statt Regenspurg Peinliche Gerichtsordnung
46	Heinrich Lausberg, Münster	Das Sonett Les Grenades von Paul Valéry
47	Jochen Schröder, Bonn	Internationale Zuständigkeit. Entwurf eines Systems von Zuständigkeitsinteressen im zwischenstaatlichen Privatverfahrensrecht aufgrund rechtshistorischer, rechtsvergleichender und rechtspolitischer Betrachtungen
48	Günther Stökl, Köln	Testament und Siegel Ivans IV.
49	Michael Weiers, Bonn	Die Sprache der Moghol der Provinz Herat in Afghanistan
50	Walther Heissig (Hrsg.), Bonn	Schriftliche Quellen in Moġolī. 1. Teil: Texte in Faksimile
51	Thea Buyken, Köln	Die Constitutionen von Melfi und das Jus Francorum
52	Jörg-Ulrich Fechner, Bochum	Erfahrene und erfundene Landschaft. Aurelio de' Giorgi Bertòlas Deutschlandbild und die Begründung der Rheinromantik
53	Johann Schwartzkopff (Red.), Bochum	Symposium ‚Mechanoreception'
54	Richard Glasser, Neustadt a. d. Weinstr.	Über den Begriff des Oberflächlichen in der Romania
55	Elmar Edel, Bonn	Die Felsgräbernekropole der Qubbet el Hawa bei Assuan. II. Abteilung. Die althieratischen Topfaufschriften aus den Grabungsjahren 1972 und 1973
56	Harald von Petrikovits, Bonn	Die Innenbauten römischer Legionslager während der Prinzipatszeit
57	Harm P. Westermann u. a., Bielefeld	Einstufige Juristenausbildung. Kolloquium über die Entwicklung und Erprobung des Modells im Land Nordrhein-Westfalen
58	Herbert Hesmer, Bonn	Leben und Werk von Dietrich Brandis (1824–1907) – Begründer der tropischen Forstwirtschaft. Förderer der forstlichen Entwicklung in den USA. Botaniker und Ökologe
59	Michael Weiers, Bonn	Schriftliche Quellen in Moġolī, 2. Teil: Bearbeitung der Texte
60	Reiner Hausherr, Bonn	Rembrandts Jacobssegen Überlegungen zur Deutung des Gemäldes in der Kasseler Galerie

61	*Heinrich Lausberg, Münster*	Der Hymnus ›Ave maris stella‹
62	*Michael Weiers, Bonn*	Schriftliche Quellen in Moġolī, 3. Teil: Poesie der Mogholen
63	*Werner H. Hauss (Hrsg.), Münster,*	International Symposium 'State of Prevention and Therapy in Human
	Robert W. Wissler, Chicago,	Arteriosclerosis and in Animal Models'
	Rolf Lehmann, Münster	
64	*Heinrich Lausberg, Münster*	Der Hymnus ›Veni Creator Spiritus‹
65	*Nikolaus Himmelmann, Bonn*	Über Hirten-Genre in der antiken Kunst
66	*Elmar Edel, Bonn*	Die Felsgräbernekropole der Qubbet el Hawa bei Assuan. Paläographie der althieratischen Gefäßaufschriften aus den Grabungsjahren 1960 bis 1973
67	*Elmar Edel, Bonn*	Hieroglyphische Inschriften des Alten Reiches

Sonderreihe
PAPYROLOGICA COLONIENSIA

Vol. I

Aloys Kehl, Köln — Der Psalmenkommentar von Tura, Quaternio IX

Vol. II

Erich Lüddeckens, Würzburg, — Demotische und Koptische Texte
P. Angelicus Kropp O. P., Klausen,
Alfred Hermann und Manfred Weber, Köln

Vol. III

Stephanie West, Oxford — The Ptolemaic Papyri of Homer

Vol. IV

Ursula Hagedorn und Dieter Hagedorn, Köln, — Das Archiv des Petaus (P. Petaus)
Louise C. Youtie und Herbert C. Youtie, Ann Arbor

Vol. V

Angelo Geißen, Köln — Katalog Alexandrinischer Kaisermünzen der Sammlung des Instituts für Altertumskunde der Universität zu Köln
Band 1: Augustus-Trajan (Nr. 1–740)
Band 2: Hadrian-Antoninus Pius (Nr. 741–1994)

Vol. VI

J. David Thomas, Durham — The epistrategos in Ptolemaic and Roman Egypt.
Part 1: The Ptolemaic epistrategos

Vol. VII

Bärbel Kramer und Robert Hübner (Bearb.), Köln — Kölner Papyri (P. Köln)
Band 1
Bärbel Kramer und Dieter Hagedorn (Bearb.), Köln — Band 2
Bärbel Kramer, Michael Erler, Dieter Hagedorn und Robert Hübner (Bearb.), Köln — Band 3

Vol. VIII

Sayed Omar, Kairo — Das Archiv des Soterichos (P. Soterichos)

Vol. IX

Dieter Kurth, Heinz-Josef Thissen und — Kölner ägyptische Papyri (P. Köln ägypt.)
Manfred Weber (Bearb.), Köln — Band 1

Verzeichnisse sämtlicher Veröffentlichungen der
Rheinisch-Westfälischen Akademie der Wissenschaften können beim
Westdeutschen Verlag GmbH, Postfach 30 06 20, 5090 Leverkusen 3 (Opladen),
angefordert werden

MIX
Papier aus verantwortungsvollen Quellen
Paper from responsible sources
FSC® C105338

If you have any concerns about our products,
you can contact us on
ProductSafety@springernature.com

In case Publisher is established outside the EU,
the EU authorized representative is:
Springer Nature Customer Service Center GmbH
Europaplatz 3, 69115 Heidelberg, Germany

Printed by Libri Plureos GmbH
in Hamburg, Germany